人 性 谈

（第二版）

杨敬年 著

南开大学出版社

天 津

图书在版编目(CIP)数据

人性谈 / 杨敬年著. —2版. —天津：南开大学出版社，2013.11(2019.6重印)
　ISBN 978-7-310-04337-8

Ⅰ.①人… Ⅱ.①杨… Ⅲ.①人性谈－研究 Ⅳ.①B82—061

中国版本图书馆 CIP 数据核字(2013)第 243355 号

版权所有　侵权必究

南开大学出版社出版发行
出版人：刘运峰
地址：天津市南开区卫津路 94 号　　邮政编码：300071
营销部电话：(022)23508339　23500755
营销部传真：(022)23508542　邮购部电话：(022)23502200
＊
唐山鼎瑞印刷有限公司印刷
全国各地新华书店经销

2019 年 6 月第 2 版　　2019 年 6 月第 3 次印刷
230×170 毫米　16 开本　19.375 印张　230 千字
定价：50.00 元

如遇图书印装质量问题，请与本社营销部联系调换，电话:(022)23507125

谨以此书纪念
我的外祖父黎葆初
我的叔祖父杨志高

前 言 一

本书探讨人性问题，其结构、主旨和写作经过，分述如下：

（一）结构

导论说明人性善恶问题是中国哲学史上的一个大问题；时至今日，人性问题仍然具有重大的现实意义，值得深入探讨。上编从科学的角度看人，阐明人的进化、人的生物现象和心理现象。中编剖析人性，阐明什么叫人性和人性的善恶，并强调求知和创造都是人性，探讨人生的意义和使命。下编人性与社会，阐明人性和政治制度、经济制度与伦理道德的关系。

（二）主旨

本书旨在阐明有关人性的几个基本论点。从当前自然科学和社会科学的发展水平来看，这些论点似乎还是站得住脚的。

（1）人为万物之灵。人是从一般动物进化而来的，从生物学的角度来看，在一百万种动物中，在生命的基础和特征方面，人和一般动物并无多大不同。人的灵在于他的大脑和双手。从心理学的角度看，人的灵体现在知、情、意三个方面，即认知、情感、意志这三种心理过程，即是说，人除了有感情之外，还有智力，能创造。

（2）人性就是需要，就是欲望。人一要生存，二要发展；为了生存和发展，一要求知，二要创造。为了能够活下去，并且活得越来越好，人在追求真理、创造文明的大道上不断前进，永远前进，希望进到无所不知、无所不能的神的境界，这就是人生的意义和使命。需要和欲望是人性，求知和创造也是人性，所以心理学家主张心理学是研究人性的一门学问。

（3）需要、欲望、情感、冲动是行为的动机，决定行为的目的；理性只是情感的奴仆，是为实现行为的目的服务的。除了求生存、求发展以及为此而产生的求知与创造这些根本欲望之外，还有作为达成这些目的的手段的次一级的欲望或情感，其中主要有两大类：一类是仁、义、礼、智所代表的恻隐之心、羞恶之心、辞让之心和是非之心；另一类是名利权势，即贪欲、竞争、虚荣心、权力欲。后一类欲望是难以满足的，是越满足越膨胀的，然而又是许多行为的动力，在它们受到过分挫抑时，努力就会减少，甚至化归乌有。

（4）善是所有的人的需要和欲望的满足。为了他人的满足而牺牲自己的满足的行为，是善的行为。使他人和自己同时得到满足的行为，也不失为善的行为。为了自己的满足而妨碍甚至牺牲他人满足的行为，是恶的行为。

（5）作为人的行为动机的仁义礼智，显然会导致善的行为，而作为人的行为动机的名利权势，则可能并且常常导致恶的行为。可以说前一种情欲是善的情欲，后一种情欲是恶的或者可以致恶的情欲。

（6）由于人有这两类不同的情欲，所以人性既是善的，又可能是恶的，从其善者为善人，从其恶者为恶人。社会上既有善人，也有恶人；同一个人身上既有善根，也有恶根。因此一个人可以由善人变成恶人，也可以由恶人变成善人。这就是为什么说"人无完人"。

（7）人在征服自然界方面已经取得了辉煌的成就，而在处理人与人的合作方面则瞠乎其后。优良的社会制度应当能保证人人的需要和欲望得到满足,也就是说应当能发扬人性的善的趋向,调节、抑制和转移人性的恶的趋向;在人类历史的长河中,社会制度已经有了长足的进步,但是远未达到优良的境地。

(8)人与人的关系分为政治关系、经济关系和伦理道德关系等。政治关系中的核心和两难问题是权力分配问题。世界上若没有国家权力,则不足以保证国家安全,维持社会秩序;然而国家权力又常被滥用,因此产生了维护公民权利即人权问题。经济关系中的核心和两难问题是收入分配问题,分配不公平会造成贫富悬殊,而平均分配又会挫伤人的生产积极性,阻碍经济增长。在这两个领域,既要发扬仁义礼智一类善的情欲,又要适度放松并妥为防范可能致恶的名利权势一类情欲。迄今为止,人类在解决这两个问题方面,还是不得不试试碰碰(Trial and error),因此不免常常出现顾此失彼、畸轻畸重的局面。今后人类的求知和创造活动,既要向自然界(包括人类自身)不断深入,又要集中精力来解决这两大问题。共产主义和大同世界始终是我们所憧憬的未来。

(9)在伦理道德方面,要针对人性的现实,通过教育、公众舆论、个人修养和社会制度,发扬人性的善的趋向,抑制和转移人性的可能致恶的趋向。人人应当树立为他人、为社会、为人类的幸福而不断努力的崇高理想,"不以物喜,不以己悲","先天下之忧而忧,后天下之乐而乐"。

以上论点,将在本书各章加以展开和论证。

(三)写作经过

作者80岁退休后,接受返聘继续工作七年,嗣后岁月悠闲,得以潜思冥索,将过去所学所思加以整理,想要找到一根红线将其串联起来,受当时国内外形势的启发,遂选定人性问题作为这条红线，历时两年，完成此书。人性善恶是一个永久而现实的问题，本书所述只是管窥锥测，聊供有心人参考，也以此作为引玉之抛砖，静候崇论宏议的指教。作者湖南汨罗人，英国牛津大学哲学博士，自1948年10月起任南开大学教授。书末附《百年忆旧》，略述笔者生平，供了解本书写作背景参考。

杨敬年
1998年春
南开大学国际经济贸易系

前言二

本书作于1995—1996年。1991年苏联解体，1992年我国正式宣布实行社会主义市场经济体制，这是两次重大的历史事件。人们不禁要问，这是为什么？时任社科院院长的胡绳在《人民日报》上发表长文《什么是社会主义，如何建设社会主义？》，对此作了解答。他说，这主要是因为两国的经济体制、政治体制和其他相关体制都有问题，过分依靠集中的国家权力，使之控制一切、支配一切，肩负了力所不能及的重担，压抑了社会积极性。邓小平说得更明白，改革开放就是要调动农村人民和全国人民的积极性，解放生产力、发展生产力。积极性之于人性，犹如露出海面的冰山一角，这就使人性问题的研究提上了议事日程。作者在86岁完全退休后，整理过去所学所思，选定人性问题作为一根红线，将其串联起来，于是开始写作《人性谈》一书。当时虽然有一些讨论人性问题的译著和《人性论史》、《人学辞典》一类的书籍陆续问世，但对把人性问题直接作为写作题材，人们尚不免心存疑虑，有学生劝我改写"人力资本"，我认为一个问题既然涉及国家的安危，本着天下兴亡，匹夫有责的精神，就应当加以研究，所以没有改变初衷。

本书由南开大学出版社于1998年11月初版，十多年来，书中所论仍未丧失其现实意义,而且自邓小平以后,江泽民同志提出了"三个代表"重要思想,胡锦涛同志提出了"科学发展观"。前者说代表最广大人民的根本利益,后者说核心是以人为本。最近习近平同志把国家富强、民族振兴、人民幸福三大目标总称为"中华民族伟大复兴的中国梦"。中国人向来认为日有所思,夜有所梦,这三大目标正是近一百七十年来,中华民族的志士仁人乃至全体中国人民所日夜思为、梦寐以求、不惜赴汤蹈火,极力求其实现的伟大而热烈的愿望,称之为"中国梦",谁曰不宜?以上三者均涉及人,于是人性问题的研究又具有了新的现实意义。

  我们已经知道,在人与人的关系中有权力分配和收入分配这两个两难问题。迄今为止,发达国家在解决这两个问题的时候,只是头痛医头、脚痛医脚,补偏救弊,顾此失彼。结果在国家内部,经济不能健康发展,社会不能持续进步;推而广之,在国与国之间,也不能和平共处、合作共赢,战争不断发生,暴乱此起彼伏,其根本原因也就在于这两个问题没能得到好的解决。我们中国实行中国特色社会主义制度,已经创造了很多人类历史上的奇迹,经济总量跃居世界第二,人民生活水平显著提高,各项政策得以长期贯彻执行,能够集中全国的人力物力财力完成大型建设事业,能够有效应对突发性巨大灾害并迅速实现恢复重建。我们深信,在实现中华民族伟大复兴的中国梦的过程中,一定会注意到这两个问题,并予以妥善解决,创造出一个大同之治,这也是我们最大的梦想。

  本次承蒙南开大学出版社予以再版,作者深感庆幸,特表感谢!纪益员总编为本书的出版付出了大量心血,并此致以衷心的感谢!作者已105岁,近年来视力衰退,看书写字均有困难,幸承南开大学经济研究所教师关永强惠允协同修订,并申谢悃。关君三十五岁，安徽铜陵人，南开大学经济史博士，曾赴美国加州大学尔湾分校进修，学识渊博，笔力雄健，识见超群，办事严肃认真，是作者的忘年好友。

杨敬年
2013 年 6 月

目 录

导论　人性：一个永恒的现实的问题　1

上编　从科学的角度看人

第一章　人从何处来　11
第二章　人的生命现象　21
第三章　人的心理现象　31

中编　人性剖析

第四章　何谓人性　47
第五章　人性的善恶　68
第六章　人性与求知　109
第七章　人性与创造　143

下编　人性与社会

第八章　人性与政治制度　165
第九章　人性与经济制度　202
第十章　人性与伦理道德　250
尾语：一个和谐的世界　282
附录　百年忆旧　284

导论　人性：一个永恒的现实的问题

人性问题在中国哲学史上是一个大问题，时至今日，从国内外的客观形势来看，这个问题仍然具有重大的现实意义，值得予以深入探讨。

一、一个永恒的问题

1993年，台湾大学和复旦大学的学生在新加坡举行辩论会，决赛的题目就是《人性本善》。台大学生主张人性善，复旦学生主张人性恶。结果复旦胜。①

人性善恶之争，在中国已有长远的历史。两千多年前孟子主张人性善，认为人一生下来就有恻隐之心、羞恶之心、辞让之心和是非之心，循是发展，就得出仁义礼智四种道德。嗣后性善之说一直是儒家的教育宗旨，对中国人民的思想产生了深远的影响。"人性"一词变成了人的善良本性的简称，所以有"没有人性"等

---

① 首届国际华语大专辩论会是由新加坡广播局和中国中央电视台发起的。有来自各国的8支队伍参赛，经过淘汰，台湾大学和复旦大学两支队伍获得决赛权。见《狮城舌战》，复旦大学出版社，1993年。

斥责之词。荀子提出"人之性恶，其善者伪也"（《荀子·性恶篇》），认为人性本恶，善是后天学得的。唐韩愈批评《荀子》一书"大醇小疵"；到了宋朝，攻击他的人越来越多；清王先谦著《荀子集解》，在序言中为荀子表示悲哀："术不用于当时，而名灭裂于后世。"

南宋名儒王伯厚(应麟)作《三字经》，劈头就说："人之初，性本善，性相近，习相远。苟不教，性乃迁。"近来南方和北方相继出版《新三字经》，南方本劈头说："人之初，如玉璞，性与情，俱可塑。"北方本劈头则说："人之初，生性近，习相远，良莠分。"①三本三字经对人性的看法不尽相同。

两千年间，中国社会经历了天翻地覆的变化，而人性善恶之争，不但使海峡两岸学子萦怀，而且还使教育工作者瞩目，因此，人性问题似乎是一个永恒的问题。

二、一个现实的问题

然而人性问题又是一个现实问题，同我国当前的改革开放和现代化建设息息相关。

1991年底苏联解体。1992年中国明确提出经济体制改革的目标，是建立社会主义市场经济。这年年初邓小平在南巡讲话中说：

　　计划多一点还是市场多一点，不是社会主义与资本主义

---

① 老《三字经》在南宋末年已传到日本，清初传到俄国和欧洲其他国家。开始是作为中文和中国历史的启蒙书，一些大学也将其列为东方系汉语专业的启蒙读物。近年来随着汉学在西方的兴起，《三字经》在伦理道德方面的意义越来越受到重视。1990年10月，新加坡教育出版社出版了第一部英译《三字经》，同年联合国教科文组织将《三字经》选入《儿童道德丛书》(见《世界图书》，1994年第1期)。《新三字经》南方本由广东教育出版社出版，1995年。该书由中共广东省委宣传部组织策划，由广东省理论界、教育界专家学者和实际工作者集体编写。《新三字经》北方本由科学出版社出版，1995年。该书由李汉秋在全国政协会上提出编写，得到几十家报刊支持和国家教委的肯定，由科学出版社组织，李汉秋主编。

的本质区别。计划经济不等于社会主义，资本主义也有计划；市场经济不等于资本主义，社会主义也有市场。计划和市场都是经济手段，社会主义的本质，是解放生产力，发展生产力，消灭剥削，消除两极分化，最终达到共同富裕。①

苏联为什么会解体？中国为什么要从社会主义计划经济转到社会主义市场经济？这是值得人们深思的问题。中国社会科学院院长胡绳，在1994年6月16、17两天的《人民日报》上发表长文《什么是社会主义，如何建设社会主义？》，对此作了明确的回答。

他认为，改革是针对中国的历史经验的，也包括苏联的历史经验在内，"在历史的指路牌上显示出了不改革或者不能恰当地改革就要灭亡的严重警告"。

究竟为什么要改革呢？胡绳认为，这是由于原来的各种体制有缺点，主要是：第一，过分依靠集中的国家权力，以致一切社会积极性不能充分发挥，甚至受到压抑；第二，没有从资本主义社会吸取有用的文明成果。他说：

在上述历史时期[指20世纪50年代后期起20多年间的中国以及20年代后期起60多年间的以苏联为主的各个社会主义国家]的各国社会主义建设，在经济体制和政治体制及其他有关的体制方面所表现出来的缺点，概括起来可以说主要有如下两点：

第一，过分地依赖集中的国家权力，以此来管理一切，支配一切，既使国家负起了力所不能及的沉重担子，又使除集中的国家权力以外的一切社会积极性不能充分发挥出来，甚至受到压抑。

---

① 《邓小平文选》第三卷，人民出版社，1993年，第373页。

第二，没有从资本主义社会吸取对于建设社会主义有用的一切文明成果，其中有些可以拿来直接应用，有些需要加以某种改造。

胡绳所说的一切社会积极性，实际上是指人的积极性，这一点邓小平说得更明白：

> 我们的经济改革，概括一点说，就是对内搞活，对外开放。对内搞活，也是对内开放，通过开放调动全国人民的积极性。农村经济一开放，八亿农民的积极性就起来了。城市经济开放，同样要调动企业和社会各方面的积极性。①

什么叫积极性？《辞海》《辞源》均无条目。《现代汉语词典》（商务印书馆，1973年）对积极二字解释为"进取的、热心的（与消极相对）"。北京外国语学院英语系编《汉英词典》（商务印书馆，1996年，第三版）将积极性译为"enthusiasm, initiative"，即热心、主动。热心就是热情，《中国大百科全书·心理学》卷对热情的解释是：

> 一种强有力的、稳固的情感。它是人对事物的选择性态度的表现，即表现为对某个事物的渴望和追求。热情对一个人思想行为的基本方向有重要的作用。它不是瞬息即逝的，而是比较稳定的持久的。

> 热情与一个人的人生观、世界观密切地联系着。热情不单是一种情绪体验，也包含着意志的成分。热情经常激励人们积极地进行实践活动，是人的活动的动力。

可以说，积极性是一种强大的、比较稳定的情感，也包含一些意志的成分，是人的行为的动力。情感是人对现实事物所抱态度的主观体验，是人脑对客观事物与主体需要之间的关系的反映

---

① 《邓小平文选》第三卷，人民出版社，1993年，第135页。

（详见第三章）；而人的需要就是人性（详见第四章），所以积极性是与人性直接相关的。

早在1921年，英国著名政治学家蒲莱士在评述苏联当时新建立的体制时，就把它和人性问题挂起钩来。他的话在今天读来，仍然饶有教益，他说：

> 文明的人民似乎正在进入一种无人预测过的思想和生活阶段。许多人要求根本改组政府，使之能担任许多迄今为止由个人行动所做的事情。其他的人则要求完全取消私有财产，使社会成为土地与货物的唯一所有人，从而有权威规定其每一成员所要做的工作，以及为满足其个人需要所应得的报酬。这是些极端重要的和具有长远影响的问题。
>
> 我们对这个问题的答复是：迄今为止，在国家社会主义或共产主义的方向所作的尝试都太少了，太短暂了，不足以提供资料，去预测那些所提议的变化的后果。历史所告诉我们的，关于人性的永久倾向与政治制度的关系，不足以为政府行为的这一未经探测的领域提供指导。我们不得不进行臆想与推测。现在，供推测的资料，不是来自我们对为其目的而形成的制度的研究，而主要是来自对人性本身的研究，即来自心理学、伦理学以及经济学。
>
> 然而，这里涉及的是政治制度——过去的和现在的。我们就不进入伦理和经济推测这个没有边际的领域了。我们看到一条条长长的幽暗的路径，在森林中向许多方向伸展开去，没有一条能发现其终点。①

蒲莱士在字里行间所透露出的迷惘和疑虑，经过大半个世纪和世界三分之一人口的实验，已经作出了总结。世界银行在其

---

① James Bryce, Modern Democracies, vol. 1, New York: Macmillan, 1921, pp. 12-13.

1996年的世界发展报告《从计划到市场》中总结了这次实验：

> 在1917年至1950年间，包括世界人口三分之一的国家脱离了市场经济，开始了建设另外一种经济制度的实验。首先是在从前的苏联和蒙古，然后，在第二次世界大战后，在中欧、东欧和波罗的海各国，随后在中国、北朝鲜和越南（以及到处的支派和仿效者），作出了大量的努力，通过国家计划去集中控制生产和配置所有资源。这种大规模的实验改变了世界的政治和经济地图，决定了二十世纪世界大部分的进程。现在它的失败已经启动了同样根本的一种转变，这些国家正在改变方向，寻求重新建立市场，并使自己重新纳入世界经济。①

其实早在二千年前，司马迁就指出了人性与政治和经济制度之间的不可磨灭的关系：

> 夫神农以前，吾不知已。至若《诗》《书》所述虞、夏以来，耳目欲极声色之好，口欲穷刍豢之味，身安逸乐，而心夸矜势能之荣使，俗之渐民久矣，虽户说以眇论，②终不能化。故善者因之，其次利道之，其次教诲之，其次整齐之，最下者与之争。③

过分依靠集中的国家权力，就会压抑各方面的积极性；实行改革开放，就能调动全国人民的积极性。由此可见，人性问题具有现实的意义。

邓小平以后，江泽民同志提出了"三个代表"重要思想，胡锦涛同志提出了"科学发展观"。前者说代表最广大人民的根本利

---

① 世界银行《1996年世界发展报告（从计划到市场）》，第1页。
② 眇（miǎo）论是曲折精微的过程，指《货殖列传》引《老子》所说"至治之极，邻国相望，鸡狗之声相闻，民各甘其食，美其服，安其俗，乐其业，至老死不相往来。"
③ 司马迁《史记·货殖列传》。着重号是本书作者加的。

益，后者说核心是以人为本。什么是最广大人民的根本利益？如何代表这种利益？什么是以人为本？如何做到以人为本？这又使人性问题的研究具有了新的现实意义。

三、我们面临的研究课题

我们要进一步追问：究竟为什么过分依靠集中的国家权力，就会压抑各方面的积极性？又为什么实行改革开放，就能调动全国人民的积极性呢？

要回答这个问题，就得探索人性问题的各个方面，以及人性与各种社会制度的关系。积极性之于人性，只不过是海面露出的冰山一角。

例如，人是从哪里来的？人的生物特征怎么样？人的心理特征怎么样？什么是人性？何谓善？何谓恶？人性是善还是恶？哪些是人性的健康倾向？哪些是人性的不健康的倾向？在谈到人性时，我们不能不触及到这些问题。

其次，人性与社会制度究竟有什么关系？蒲莱士就人性与政治制度的关系说过一段话，其实也适用于经济制度和伦理道德关系。他认为，社会制度应当能发扬人性的健康倾向，抑制人性的有害倾向。找出最能促进较好人性倾向和抑制有害人性倾向的社会制度，是哲学家的任务，而立法者只是在哲学家所奠定的基础上进行建筑。他说：

> 人性的倾向是永久的研究基础，它给予政治科学这门学问以其所具有的一些科学性，因此这门科学的实际价值，在于追寻和确定这些倾向与人类创造出来以指导其在一个社会中的生活的那些制度的关系。经验证明，某些制度比其他的制度运行得要好一些，也就是说，它们给予健康的人性倾

向以更多的活动余地，并抑制有害的人性倾向。这些制度对生活其下的人们也存在反作用。它们帮助人们获得善意、自制、明智的合作，形成我们所称的明达的政治品质……反之，制度建立不善，或变动频繁，以致不能施展这种教育影响，生活其下的人们就不能在走向稳定而和谐的生活方面取得进步。找出最能促进较好的人性倾向和抑制有害的人性倾向的那种制度，是哲学研究人员的任务，立法人员是在哲学家所奠定的基础上进行建筑的。①

　　本书试图就人性问题的各个方面以及人性与社会制度和伦理道德的关系提出一些粗浅看法。

---

① James Bryce, Modern Democracies, vol. 1, p. 11. 着重号是本书作者加的。

上 编

从科学的角度看人

第一章　人从何处来

要研究人性，首先就得研究人。关于人，第一个问题是，人从何处来？即人是怎样成为人的？

一、古代的信仰

古代的人认为，人和世间万物一样，都是由一个创世主创造出来的。

基督教的圣经——《旧约全书》开宗明义就说，神在第一天创造天地，第二天创造空气，第三天创造草木果子，第四天创造昼夜星辰，第五天创造空中的鸟雀和水中的鱼类，第六天创造地上的各种生物，并按照自己的形象造人，一男一女，使他们管理世间的一切，第七天他就休息了。神所造的，只有蛇最狡猾，它引诱这女人偷吃了园子当中那棵树上的禁果，也给她丈夫吃了，两人眼睛明亮，有了智慧，能知道善恶，这就犯了罪恶，受到神的惩罚，这就是原罪论。[①]

[①]《旧约全书·创世纪》，第1、2章。

中国古代认为人是天地所生。

《周易·说卦》:"乾,天也,故称乎父。坤,地也,故称乎母。"(第九章)宋张载(世称横渠先生,1020—1077)作《西铭》,开头说:"乾称父,坤称母,予兹藐焉,乃混然中处。"宋朱熹注《西铭》说:"人禀气于天,赋形于地,以藐然之身而位乎中,子道也。"《西铭》全篇主旨,在说明人是天地所生,禀受天地之性,所以必须能与天地合德,才能不愧为人。

《书经》记载,周武王伐纣,会师于孟津,他在誓师词中劈头就说:

> 惟天地万物父母,惟人万物之灵,亶①聪明作元后,元后作民父母。②

宋蔡沈对这几句话作了详细的解释:

> 天地者,万物之父母也。万物之生,惟人得其秀而灵,具四端,备万善,知觉独异于物。而圣人又得其最秀而最灵者,天性聪明,无待勉强,其知先知,其觉先觉,首出万物,故能为大君于天下,而天下之疲癃残疾得其生,鳏寡孤独得其养,举万民之众,无一而不得其所焉,则元君者,又所以为民之父母也。夫天地生物而厚于人,天地生人而厚于圣人,其所以厚于圣人者,亦惟欲其君长乎民,而推天地父母斯民之心而已。天地为民如此,则任元后之责者,可以不知所以作民父母之义乎?商纣失君之道,故武王发此,是虽一时誓师之言,而实万世人君之所当体念也。③

《诗经》亦两次出现"天生烝民"之语。④古人认为天地是有

---

① 亶(dǎn),诚实无妄之意,言聪明出于天性。
② 《书经·周书·泰誓上》。
③ 蔡沈注《书经集传》,上海古籍出版社,1987年,第65—66页。
④ 《诗经·大雅·荡》:"天生烝民,其命匪谌,靡不有初,鲜克有终。"又《诗经·大雅·烝民》:"天生烝民,有物有则。民之秉彝,好是懿德。"

意志的神，人就是由天地所生的。

二、近代的进化论

到了近代，科学逐渐发达，就有了进化论，认为人并不是由一个造物主创造出来的，而是由动物逐渐演化而来的。英国的查尔斯·达尔文（1809—1882）奠定了进化论的基础。他的《物种起源》一书于1859年11月出版，迅即售罄，到1872年已再版6次。他在书中说：

> 直到最近，大多数自然学者仍然相信物种（species）是不变的产物，并且是分别被创造出来的。许多作者都力持这一观点。另一方面，某些少数的自然学者已经相信物种经历着变异，并且相信现存的生物类型是既往生存类型所真正传下来的后代。
>
> 拉马克[法国人，1744—1827]是第一个人，他在这个问题上的结论，激起了很大的注意，这位名副其实的著名的学者在1801年第一次发表了他的观点；1809年在他的《动物学的哲学》一书里，其后1815年在《无脊椎动物志》的引言里，又大大地发挥了这些观点。在这些著作中，他的卓越的工作第一次唤起了我们注意有机界和无机界的一切变化大概都是法则作用的结果，而不是神灵干涉的结果。①

然而，一谈起进化论，世人每每只知有达尔文而不知有拉马克，这是因为，正如一位生命科学史的作者所说的："像笛卡儿、布丰和其他异端思想家一样，为了保护自己，拉马克也把自己大胆的观念装扮成一种仅仅是用于争论的游戏或假说，而不是一种

---

① 查尔斯·达尔文《物种起源》第一分册，周建人等译，三联书店，1954年，第1—2页。

应当严肃对待的理论。"①

此后"达尔文主义"被广泛接受，这就是达尔文提出的关于进化机制的生物学学说。这个目前尽人皆知的观念是，进化在本质上是由三种因素互相作用而发生的：（1）变异——一种自由化的因素，普遍存在于一切生物中；（2）遗传——一种保守力量，使相似的肌体形态代代相传；（3）生存竞争——决定能适应一种环境的变异，从而通过选择性死亡率来改变生物体。

达尔文解释生存竞争说：

> 全世界整个生物界都存在"生存斗争"，那是依照几何级数高度繁生的不可避免的结果。这是马尔萨斯学说对于整个动物界和整个植物界的应用。因为所产生的每一物种的个体比可能生存的多得多；因此各生物间便经常不断地发生生存斗争，那么任何生物如果能以任何方式发生有利于自己的、即使是最小的变异，它在复杂的而且时常变化中的生活条件下，将会获得较好的生存机会，因而它就自然地被选择了。由于坚强的遗传原理，任何被选择的变种，将会繁殖它的新的和变异了的类型。②

三、历史的记载

现代历史学家根据确凿的事实，对于人的由来作出了比较明确的记载。③

人在变得文明以前，度过了两百万年；变得文明以后，有了

---

① [美]洛伊斯·N.玛格纳《生命科学史》，1979年中译本，李难等译，华中理工大学出版社，1985年，485页。
② 《物种起源》第一分册，三联书店，第18页。着重号是原有的。
③ 参阅，例如，L.S. Stavrianos, The World to 1500: A Global History, Prentice-Hall, 1970, pp.1-37.

将近六千年的历史。在史前时期有两项重大的发展，是全部后来历史的基石：一是从灵长类变成人，即原始人类（Homo Sapiens，或称能思维的人）；一是原始人类从依赖自然恩赐的食物采集者变成越来越独立于自然而主宰自己命运的食物生产者。

地球是一颗小小的行星，在一个小小的星系中旋转。和整个宇宙相比，地球就像太平洋上的一粒微尘。地球形成于45亿年前，地球上首次出现生命（单细胞生物）是在15亿年前。传统上认为这种生命与无生命的东西完全不同。但是科学家已不再接受这种将有机物与无机物截然分开的假设。他们将有生物质看作是从无生物质自然进化而来。他们将一切物质排列成阶梯式的组织状况，在这个阶梯的某一级上发生了从无机物向有机物的转变。具体说，电子、质子、中子联合成为原子，原子形成分子，分子形成或多或少是组织得很好的集体，其中一类构成有生物质或有机物。

有机物也经历了类似阶梯式（或螺旋式）的变化。从原始的微生物到原始的植物（如海藻），然后到无脊椎动物（如海蜇和虫），又到脊椎动物。大约在三亿年前，这类脊椎动物开始成功地适应陆地的生活。首先有两栖动物，然后有大群的史前爬虫，最后有哺乳动物。六千万年前，哺乳动物是地球上的主要生命形式。

科学家认为，人类属于动物王国，具体说属于灵长类（Primates）。几种研究领域所得到的证明，均可以得出这个结论。解剖学家发现，人和其他高等动物在骨骼、筋肉和有机组织的一般轮廓方面，有根本的相似之处。胚胎学家注意到，人的胚胎在其不同的发育阶段，呈现某些低级生命形式的特征，如在第一个月末有鳃拱，第二个月有残尾。人类学家指明，人的化石遗存表现有从一般类人猿到不断地向智人发展的趋势。其他科学家发现，有许多迹象表明，人与其他动物有连结的纽带，包括类人猿和人的血液的化学构成密切相似，他们携带有共同的寄生虫，他们的学习方式有相似之处。

人和其他动物的差别出现在更新世，即地质历史中组成新生代的七个世中的第六个，位于全新世之前，大约开始于250万年—300万年以前，结束于1万年以前。这个地质阶段由于气候发生全球性变化，引起四个冰期和三个间冰期的交替出现，使陆生动物、尤其是哺乳动物大量灭绝。据统计，在北美最后一个冰期末了时，灭绝的比率高达70%。其他大陆数量较小。大部分灭绝发生在公元前15000年—前7000年间。

这种剧烈的环境变化，迫使一切动物不断地去适应和重新适应新条件。在这个生死关头，能否成功不是依靠顽强的体力和抵御严寒的能力，而是依靠智力的继续增长和利用这种智力去想出适应的办法。人在地球上占据不容争议的首要地位，其秘密就在于此。他首先是一个通才（或能人），从来不只是适应于某一种环境，如长臂猿用自己的长臂去适应森林，或像北极熊以其厚白的毛皮去适应北极那样。人能用他的头脑去适应任何的环境。

有一个时候，认为人和类人猿（Ape）出自同一祖先。现在大家同意，智人是从一系列人的祖先即原始人类通过自然的选择而产生的，他们之中有一些能使用简单的石工具或石武器。最初的原始人类是南方古猿（Australopithecus），在200万年或300万年前出现于东非、南非和南亚。他的骨盆和双腿酷似现代人，但脑容量只及现代人的四分之一。智力水平的低下，表示语言和工具制造的相对水平的低下。这就是说，不是先有人的头脑，然后才去创造人类的文明，而是彼此相互作用的：语言和工具既是头脑发展的结果，又是头脑发展的原因。

大约在50万年前，南方古猿让位于直立猿人（Hominid Homoerectus）。这是人的最近祖先。他的脑容量比其先行者南猿大一倍多，为现代人的三分之二。他的通用石器——石斧比较复杂，它可用于一切目的。大量被屠杀的大型动物（鹿、犀牛、猪、象、河马、马、羚羊、瞪羚）的骨骼遗存，表明这种工具的有效使用。这样大规模地猎取猎物，也反映了有效的群体组织和行动，包括语言交流。

火的发现，具有根本的深远的意义。火能使人的祖先从自己身体的有限热能中解放出来。火能帮助他们在冰期中仍然生存下来。火能煮熟迄今无法食用的植物根和种粒，增加食物供应。火能使人脱离过去局限其中的温暖草原，开始向地球各处散布。

形成人的过程大约于35000年前终结，出现了人，即智人或能思维的人。这是地球上事态发展的第二个大转折点。第一个大转折点是地球上从无机物出现生命，在这重大的一步之后，一切生命形式的进化，均系通过突变（Mutation）和天择去适应自己的环境，即是说，基因（Genes）适应于环境，像在更新世的气候变化中所发生的。但是自从智人出现以后，进化过程就颠倒过来了，不再是基因去适应环境，而是通过改变环境去适应他的基因。

人，只有人才能创造出一个人为的环境，即所谓文化。理由是，只有人才能使用符号，去凝想出与此时此地的现实相分离的事物和概念。只有人能笑。只有人知道自己将要死去。只有人想知道宇宙及其起源，想知道自己在宇宙中的地位和来世的情况。

凭借这种独一无二的和革命性的能力，人就能应付他所处的环境，而不必经过突变。他的文化是一种新的和非生物方式的文化，例如不必在北极有毛皮，在沙漠有贮水器官，在水中有鳍。具体言之，文化是由工具、衣服、装饰、制度、语言、艺术、宗教信仰和礼拜仪式等组成的。所有这些，使他能适应物质环境，并与同类的人互相适应。人的故事只是他自己所创造的一连串文化的历史，从旧石器时代开始，直至今日。

旧石器时代晚期虽然比50万年前旧石器时代早期的技术先

进，但仍然是原始的，生产率很低。植物采集者和动物狩猎者过着朝不保夕的生活，没有剩余可以用于其他目的。这就为采集和狩猎文化的发展规定了不可逾越的界限。

在旧石器时代，人变成人是通过学习、讲话、制造工具和使用火。这使他比自己周围的动物拥有极为有利的条件，但是在一个根本的方面他仍然和它们一样。他仍然是一个采集者和狩猎者，像其他无数的动物一样，依赖大自然的恩赐。

当人学会种植自己的食物和豢养牲畜时，他就进入了新石器时代。他的面前展开了一个具有无限视野的新世界。新石器时代的人与其处于旧石器时代的先行者的不同体现在两个方面：第一，他通过碾磨和擦亮去制造石器，而不是通过打碎和折断；这种工具更为锋利，更为耐久。第二，他完全或主要是通过种植和豢养而获取食物，不再完全依靠采集和狩猎，其中种植尤为重要。农业革命使人成为食物的生产者，他基本上不再依靠自然、完全受自然的摆布了。

四、中国的考古发现

中国的考古发现，也证明了以上所述人类演变的历程。[①]

元谋猿人是中国远古遗存中所见最早的人类，距今约170万年。此后有举世闻名的北京猿人，距今约40万年至50万年。夏是中国历史上第一个朝代，距今约4100—3800年，迄今我们所知还只是传说中的夏。3600年前的商，是第一个可考的朝代，是现在所知有文献的历史逐步展开的年代。

西方学者按人类制造工具的时候起的体质发展，分为南猿、

[①] 参阅自寿彝主编《中国通史纲要》，上海人民出版社，1980年，第14—46页。

直立人、智人三个阶段。中国学者按人类体质的发展，大体上分为猿人、古人、今人三个阶段。距离现在大约10万年时，中国的远古文化进入古人阶段。这一阶段的人类化石在中国分布较广，著名的有华南的马坝人（广东曲江县）、华中的长阳人（湖北长阳县）、华北的丁村人（山西襄汾县）。他们的体质形态，已不同于北京猿人。丁村人的主要工具仍然是石器，但在打制石片和石器加工上，均比北京猿人进步。

在距今约4万年时，中国远古文化进入新人阶段。此后渔猎经济有显著进步。当时人的遗迹，有柳江人（广西柳江县）、麒麟山人（广西来宾县）、河套人（内蒙古乌审旗和宁夏临武县）；还有距今28000年的峙峪文化（山西朔县）和距今18000年的山顶洞人（北京周口店龙骨山）。

山顶洞人的身体结构和外貌，跟现代人没有什么大的差别。他们的劳动经验和技能超过了前人，取得了不少新的成就。

到距今大约六七千年前，中国辽阔的土地上散布着大大小小的部落。在黄河流域，他们以原始农业为主，兼营家畜饲养，在掘土时使用光木棒，一般使用以磨制为主的比较精致的石器。人从经营农业之后，便能生产自己需要的食物，能够定居下来。不过原始农业耕作方式还处在初级阶段，且经常受到自然条件的影响，收获量低，所以渔猎仍占有相当的地位。大约在5000年前，黄河长江流域的氏族部落先后进入父系氏族和公社时期。

* * *

这里产生了两个知其然而不知其所以然的问题：第一，从无生物中怎么会产生生命呢？第二，为什么只有人才能开发智力、使用语言和工具，而其他动物则不能呢？达尔文在一百多年前说：

> 要问心理能力（Mental power）在最低等有机体中最初是以怎样的方式发展起来的，就如同问生命本身是怎样起源

的一样，目前还是没有希望得到解答。如果这些是人确能解决的问题，那也有待于遥远的未来。①

---

① 查尔斯·达尔文《人类的由来及性选择》，叶笃庄、杨习之译，科学出版社，1982年，第80页。

第二章 人的生命现象[①]

今天地球上到处都有生命的迹象，动物有一百多万种，植物有三十多万种，微生物有十几万种，人只不过是动物的一种。然而人又是万物之灵，灵就灵在他具有智力，并能运用这种智力去从事创造。

达尔文在一百多年前提出的生命和智力的起源问题，经过科学家长期的探索，今天已经有了初步的认识，但仍未最后解决。

要深刻了解人性，必须了解人和一般动物的相同之处和不同之处。

一、生命的基础

（一）生命的物质基础：原生质

地球上的一切生物，除最低级者外，均由细胞构成。细胞分细胞膜、细胞核、细胞质三部分，通称原生质，是生命的物质基

[①] 参阅《中国大百科全书·生物学》；宋健主编《现代科学技术基础知识》，科学出版社，1994年，第109—125页。

础。

原生质含有多种化学元素,其中碳、氢、氧、氮共约占98%,其余近2%为磷、硫、氯、钠、钾、钙、铁,此外还有微量元素。这些元素都是无机自然界所有的,说明生物界与无生物界具有统一性。

原生质中的化学元素主要以化合物的形式存在,主要有蛋白质和核酸,其余有糖类、脂类、水和无机盐。

蛋白质占原生质有机成分的80%,有很多种,其基本组成单位是氨基酸,已知有20种。每个氨基酸分子均含有一个氨基和一个羧基,前者为碱性,后者为酸性。这种同时具存酸碱两性的特性,使许多氨基酸可以互相结合,成为有巨大分子量的蛋白质。因此蛋白质的结构具有复杂多样的特点,成为生命活动的主要体现者。同时,也正是由于蛋白质的复杂多样,才使得生物界的面貌形形色色,丰富多彩。现在地球上的生物种与种之间、同一种内不同个体之间、同一个体的不同组织器官之间,其蛋白质的结构和功能均不相同。

核酸的基本组成单位是核苷酸,由几百个、几千个核苷酸连接而成核酸这种高分子化合物。核酸分为两大类:一类为脱氧核糖核酸(DNA),存在于细胞核中;一类为核糖核酸(RNA),主要存在于细胞质中。核酸与一切生物的遗传和变异有极密切的关系。

糖类是生物进行生命活动的主要能源。

脂类的功能是通过氧化,释放能量。

水在原生质中含量最多,通常占65%—90%。少量的水为蛋白质分子所吸收,大部分的水在代谢过程中作为溶剂、养分和废物溶解在水中才能渗进或排出细胞,细胞无水即不能生活。

无机盐在原生质中分解成为离子状态,能调节细胞内外的渗透压，参与体内酶的作用，使生物体进行正常生理活动。

（二）生命的结构基础：细胞

细胞是生命的结构基础。电子显微镜能将细胞放大几千倍、几万倍、几十万倍，使人们对细胞各部分的细微结构、功能和繁殖的了解，进入了一个新的境界。

（1）细胞的组织

细胞分为细胞膜、细胞核、细胞质三部分。细胞膜保护细胞，并与吸收、排泄、分泌、内外物质交换有密切关系。细胞质指细胞核以外、细胞膜以内的全部物质，其中包括一些具有独特功能的细胞器，如线粒体、质体、内质网、高尔基体、中心体、液泡等；线粒体在呼吸能量转化中起重要作用，称为细胞内供应能量的动力工厂。

细胞核大都位于细胞中央，由核膜、染色质、核仁、核液组成。染色质是容易被碱性染料着色的物质，在细胞分裂时形成染色体，其主要成分为 DNA 和蛋白质。在细胞分裂过程中，染色体经过复制（包括 DNA 的复制），均匀地分配到两个子细胞中去，对遗传有重要意义。

（2）细胞的繁殖

细胞的繁殖以分裂的方式进行，共分两种：

一种是直接分裂，亦称无丝分裂。先是细胞核延长，接着分裂为两个核。细胞质接着分裂为二，各含一个细胞核，成为两个子细胞。

一种是间接分裂，又称有丝分裂，这是细胞分裂的主要方式。起先细胞内部发生复杂变化，染色体（包括 DNA）进行自我复制，每条染色体均产生另一条染色体，互相缠绕成为螺旋状的染色细丝。到分裂时期，细胞内出现一系列连续变化过程，分为前期、中期、后期、末期四个阶段，但并无明确界限。

有丝分裂的特点是，染色体进行自我复制，平均分配到两个子细胞核中，使每个子细胞核具有数目相同、种类相同的染色体，保证每种生物的染色体具有一定的稳定性，如人的细胞内有 46 个染色体，水稻有 24 个，洋葱有 16 个，猪有 40 个，马有 66 个。这对生物体前后代保持性状的相似起很大的作用。可见细胞的有丝分裂对于生物的遗传有重要意义。

细胞分裂的强度，因不同的生物，或因同一生物的不同发育阶段、不同器官组织、不同生活环境而有所不同。例如细菌在适宜的环境条件下，一昼夜分裂 16—18 亿个。动物的骨髓细胞分裂极为频繁，经常不断地产生新的红细胞和白细胞。神经系统的细胞很少出现分裂。实践上常用某种外界因素去影响细胞分裂，以此达到预期目的，如人工孵鸡、创伤治疗、癌症防治等。

二、生命的特征

生命的基本特征，有新陈代谢、生殖和发育、遗传和变异以及生命世界的自组织。

（一）新陈代谢

生命最基本的特征是新陈代谢，由同化作用和异化作用这两个同时进行的过程来完成。同化作用是生物从外界吸取物质，经过极其复杂的变化，同化成自己的新的原生质，并储存能量的过程。异化作用是生物分解自己原有的原生质并释放能量的过程。通过两种作用，生物体就不断地进行自我更新。据研究，人的肝脏和血浆的蛋白质 10 天更新一半，肺、皮肤、肌肉等器官的蛋白质 150 天左右也要更新一半。

新陈代谢过程包括物质代谢和能量代谢。能量是推动生物的生命活动的动力，一瞬之间也不能断绝能量供应。生物体细胞内含有自由存在的三磷酸腺苷（ATP），是含有丰富能量的物质。

（二）生殖和发育

生殖和发育是生物的第二种基本特征。生殖是生物产生后代的过程，通过生殖，生物个体数目增多，使物种得以延续和发展。生殖方式分无性生殖和有性生殖。无性生殖有分裂生殖、出芽生殖、孢子生殖和营养生殖。有性生殖是由亲体产生性细胞（配子），雌雄两性细胞结合，才能发育成新个体。配子由特殊器官产生，卵巢产生的叫大配子（雌配子）或卵细胞，精巢产生的叫小配子（雄配子）或精子，二者是精体的产物，又是子体的根源，是上下两代相连续的桥梁，是传递遗传物质的唯一媒介。

多细胞生物的受精卵，是第二代发育的起点。受精卵经过细胞的分裂、组织的分化、器官的发生等等发育过程，形成一个与亲代相似的新个体。这一新个体再经过幼年、成年、老年的各个发育时期，完成它的生活史。生物从受精卵发育开始，直至死亡为止，这一发育过程称为个体发育。

是什么物质对生物的生长和发育起着调节和控制作用呢？就内因言，除遗传特性外，就是激素。激素是生物体内产生的一种特殊化学物质，有植物激素和动物激素。高等动物的无管腺——甲状腺、甲状旁腺、垂体、肾上腺、性腺、胰岛等，均能产生激素。其种类虽多，但按化学结构，可归成三类，即类固醇激素，蛋白质类激素，不饱和脂肪酸类激素。

（三）遗传和变异

这是生物的第三种基本特征。控制性状遗传的主要物质是细胞核中的染色体。染色体中的 DNA 含量比较稳定，是主要的遗传物质，而染色体则是这种遗传物质的载体。生物之所以具有遗传特征，与 DNA 的功能有关。DNA 分子具有特殊的双螺旋结构，连接两条链的碱基又具有配对能力，故在细胞分裂之前，DNA 分子能进行自我复制，保持相对的稳定性，父母和子女之所以相象，是由于父母将自己所有的 DNA 分子复制了一份传给子女，这就是遗传。

基因是染色体上的有遗传效应的 DNA 片断，每个染色体上有一个 DNA 分子，每个 DNA 分子上有许多基因。生物性状的遗传，主要通过染色体上的基因传递给后代，实际上就是通过核苷酸的排列顺序来传递遗传信息。DNA 的基本功能有二：一是通过自行复制，在生物的传种接代中传递遗传信息；二是在个体发育中，能使遗传信息得以表达，从而使后代表现出与亲代相似的性状。生物体的性状主要是通过蛋白质体现的，因此，基因对性状的决定性作用是通过 DNA 对蛋白质的合成来实现的。但 DNA 主要存在于细胞核中，而蛋白质合成则在细胞质中进行，故需要有 RNA，DNA 才能从细胞核传递到细胞质中。人类大约有 5 万—10 万个基因，迄今只破译了其中 5 千个的排列顺序。

生物的遗传物质在传种接代中比较稳定，故能繁衍不息，但也有变异现象，且很复杂。其中最重要的有两种：一是基因突变，指染色体上个别基因所发生的分子结构的变化，这在自然界中广泛存在，如人的色盲、糖尿病，水稻中的矮秆、糯性等。有些是自然发生的，称自然突变；有些是在人为条件下诱发的，称诱发突变。基因突变是由于 DNA 中核苷酸的种类、分布和排列顺序的改变所造成的。另一种是染色体变异，其重要原因是染色体数量的变化。同种生物的染色体的数目和形状都是一定的，在一般情况下比较稳定，但在自然条件或人工条件的影响下，染色体的数目和结构也可能发生变化，从而导致生物性状的变异。

（四）生命世界的自组织

自组织是最近才发现的。达尔文在 1859 年出版《物种起源》时，主要讨论生物是不是由进化而来和生物是怎样进化的，他提出自然选择学说来说明生物进化的原因和过程。嗣后生物学家一直把自然选择看作是有序的唯一来源。最近发现了某些复杂系统的一种固有性质即自组织，某些非常无序的系统自发地"结晶"成为高度有序。当一个开放系统（即与外界既有能量交换又有物质交换的系统）在远离热力学平衡时，无序的非平衡态的稳定性不像在近平衡条件下那样有保证；系统通过不断与外部交换物质和能量，当外界变化达到一定的阈值时，无序可能失去稳定性。其中的某些涨落可能被放大而使系统达到一种在时间上、空间上或功能上的新状态。这种在远离平衡情况下所形成的有序结构是自发出现的，故称自组织。有人认为人类基因库也许是个自组织系统。有机体之所以具有某些特征，或许并非由自然选择造成，而是因为自然选择的对象具有自组织特性。进化是自然选择和自组织相结合的产物。

生命的特征就是活着，生命现象最本质的内容乃是自复制（自我繁殖）和自组织。

三、生命的起源

科学家们仍然在艰难地探索，地球上究竟何时、何地以及怎样出现第一次生命？生命的历史大约有几十亿年，由于各种进化的动力和错综复杂的机遇，造成了地球上的丰富多彩的生命世界。在自然选择下长期进化的生命系统出现以前，就存在一种化学进化。50亿年前形成的地球是炽热的，一切元素呈气体状态。以后温度下降，非生命物质在漫长的岁月中经过繁复的化学过程，逐步变成原始生命，大致经历了四个阶段：第一阶段从无机小分子物质生成有机小分子物质，如氨基酸、核苷酸等；第二阶段从有机小分子物质形成有机高分子物质，如蛋白质、核酸；第三阶段从有机高分子物质组成多分子体系,称团聚体或微球体,有了原始的物质交换活动,从环境中吸取物质,以扩充并改造自己,同时也将一些废物排出体外;第四阶段是多分子体系演变为原始生命,将同化作用和异化作用统一于一体,产生出最原始的新陈代谢作用,并能进行繁殖。

上面的假设有一些已由科学家在实验室中予以证实。有关生命的科学研究,主要有分子生物学,核心内容是通过对生物体的主要物质基础即蛋白质、核酸等的结构和运动的研究,去揭示生命现象的本质;有仿生学,探讨生物系统的结构特性、能量转换、信息控制过程,以改善现有的和创造新的生物工程系统;有生态学,研究生物与环境的相互关系。

最近,人类利用基因工程和蛋白质工程技术,不仅可以在分子水平上对微生物、植物、动物本身等不同种类之间的基因进行随意的剪切拼接,而且对来源不同的微生物、植物、动物和人类之间的基因亦可任意重组传递,甚至还可以按照自己的意愿设计合成新的蛋白质。技术上讲,不但设计出新的生物物种是完全可能的,而且实际上已经接近于设计出新的生物物种,如试管婴儿。这将是第三个划时代的转折点(第一个转折点是地球上出现生命,第二个转折点是从直立人演变成智人)。

不过生命的起源问题并未得到完全解决。没有 DNA,蛋白质不能形成,而没有蛋白质,也不能形成 DNA。究竟何者在先?究竟何者是地球所有生命的共同祖先?因此生命起源问题就变成了古老的先有鸡还是先有蛋的问题。20 世纪 80 年代初有两位生物学家(凯奇和奥特曼)提出,RNA 可能是最早出现的能自我复制的分子,并因此获得了 1989 年的诺贝尔奖。他们认为,DNA 没有酶的帮助不能进行工作,而 RNA 则可以起酶的作用,因而没有蛋白质亦能自我复制,起着基因和催化剂即蛋和鸡的作用。

RNA 生物体产生 DNA，起着遗传信息库的作用。

然而 RNA 最初又是怎样形成的呢？依然没有答案。

四、智力的起源

这里不是从哲学或心理学的角度而是从生物学的角度来讨论问题。

人的大脑是最复杂的组织结构，有上千亿个神经细胞（神经元）。神经细胞之间通过突触互相联结。突触的结构与功能的发现和原子与 DNA 的发现具有同等重要的意义：原子的发现有助于回答物质是什么，DNA 的发现有助于理解生命的本质，而突触的发现则有助于认识脑的功能。假定每个突触有两个状态，人脑中所包含的不同状态总数就达 2 的 10^{15} 幂，而整个宇宙中的基本粒子（质子和中子）的总和不超过 2^{1000}。作为进化的结果，人的大脑是生物史上最伟大的成功之一。自然选择在脑的进化中起着智力筛选的作用，从而产生越来越能应付自然法则的大脑与智力。

智力指人类认识客观事物并运用知识去解决实际问题的能力，集中体现在反映客观事物的深刻、正确、完全的程度上，并通过观察、记忆、想象、思考、判断表达出来。智力在人类掌握知识和从事实践活动中得到发展，但它又不等同于知识和实践。智力是先天素质、社会历史遗产与教育、个人努力三种因素相互作用的产物。人的内在智力和智力外化的行为，总称为智能；智力包含在"知其然"的过程中，而智能则表现在处理"知其然而不知其所以然"的过程中。

脑这种复杂的器官系统的进化，依存于生命的早期历史，即生命的发生、适应性和演化，也依存于机体对再次变化了的条件的曲折适应。大脑的进化与修饰只能在先前已有脑组织和结构的基础上进行。不能不考虑环境和条件。很难通过改变脑的深层结构去获得进化,只能通过在母系统上面增殖新系统,以达到根本的变化。脑的每一进化均需保留原有部分,但其功能只须由新层控制,具有新功能的新层就增殖出来。最后,就有覆盖在脑的其余部分之上的新皮质。脑的进化表现得最出色的是人、海豚和鲸,大约有几千万年的历史。在人出现后的几百万年中,这种进化的速度又大大加快。

如将 DNA 所含遗传信息量与大脑所含信息量相比,可以看出脑的进化经历了三个重大转折。几亿年前,脑的信息量只有几十亿比特。石炭纪时,地球上首次出现脑内信息大于基因信息的生命体。随着哺乳动物的出现,以及包括人在内的灵长目动物的产生,在脑的进化中相继完成了两次重大的飞跃,大大地促进了智力的进化,其特点有:脑重比过去大,脑重与体重之比比过去高,额叶和颞叶比过去大,神经联结比过去丰富,生存竞争压力比过去大。自石炭纪后,生命史上的许多事件说明脑对基因已逐步取得优势。

至少在九百万年前,地球上尚未出现人的智力。人的智力的存在年限,是地球年龄的千分之几。假设我们已经知道了大脑的全部突触、全部反应模式,也很难说我们就懂得了智力是如何产生的,就理解了脑是如何工作的,个性是如何形成的,人类又怎样成为有情感、有思想、有社会性的生命体。由于脑的复杂性,我们不可能期待在某一个早上宣布脑的奥秘已经揭开。这也许只是一个有里程碑而没有终点的科学探索,是一个深入到人的核心的问题。

第三章 人的心理现象

　　人的心理是人脑对客观现实的主观能动反映。人脑是宇宙间结构最复杂的物质，人类的心理（意识）是物质反映的最高形式。人类意识的产生，是自然界长期发展的结果。人要生存，就必须获取食物；获取食物，就必须生产劳动，而生产劳动促成了人类意识的产生。人的意识既有自觉性，即产生自我意识，并体现行为目的，又有能动性，能对现实的反映作出主观的选择，并通过思维的分析与综合，认识事物的本质属性和内在联系，掌握事物的发展规律。

　　远古时因为知识水平的限制，人们不理解自己身体的结构和功能，对各种心理现象十分好奇，以为是一种特殊东西即灵魂的活动，于是就灵魂与肉体的关系展开了各种辩论和推测。长期以来，人们一直又以心当作思维器官，在中国，孟子"心之官则思"的见解延续了几千年；在西方，古希腊人也认为思维的器官是心，亚里士多德认为心脏至上，脑不过是冷却热血液的器官。到了近代，生理学和医学通过大量的科学实验和临床实践，证明心理是脑的机能，得出思维器官是脑而不是心的科学结论。没有脑也就没有心理现象。

心理学研究人的心理现象，它是一门古老而又年轻的学科，于19世纪70年代从哲学中独立出来，用比较严格的科学方法（观察、实验、调查、个案研究）进行工作。心理学的本质问题，就是人脑与世界的关系问题，亦即哲学上的心与物，即意识与物质的关系问题。心理学家自认为心理学是研究人性的一门学科。

本章根据目前在我国通行的一般心理学的理论，对心理现象作一般的说明，在以后的有关章节中，还将对个别心理现象作进一步的探讨。[1]

一、心理现象的生理基础

人的心理建筑在生理的基础之上。人的一切心理，都要通过以大脑为核心的神经系统的活动来实现。人体各器官（眼、耳、鼻、舌）、各系统（血液循环、呼吸运动、消化吸收、能量代谢）的功能，都是直接或间接处于中枢神经系统的调节控制之下。人体是一个极为复杂的有机体，各器官、各系统的功能互相联系，互相制约；同时人体生活在经常变化的环境中，体内的各种功能随时受到影响。大脑是中枢神经系统的高级、核心部分。

神经系统的基本结构与功能单位是神经元，即神经细胞，由细胞体与细胞突触组成，具有接受刺激、传递及组合信息的功能，即兴奋和传导，因此又分为传入（或感觉）神经元、中间（或联系）神经元及传出（或运动）神经元。

除中枢神经系统（由脊髓和脑组成）外，还有周围神经系统，

---

[1] 参阅《中国大百科全书·心理学》，1971年；张小乔《普通心理学应用教程》，中国人民大学出版社，1989年。现代心理学有许多派别，如生物学派、精神分析学派、行为学派、人本主义学派、认知学派等。从学派的繁多，可以窥见这一学科的年轻性。

分为躯体神经系统和植物神经（即内脏神经）系统。

人的大脑结构最复杂，为任何高等动物所不及。正由于有高度发达的大脑，人才能成为万物之灵长。

高级神经活动的基本方式是反射。有机体通过反射与环境取得平衡，对内外刺激作出反应。引起反射的刺激，可能来自外部环境，也可能来自内部肌体。无条件反射是在种族发展过程中形成并遗传下来的固定神经联系，是对简单的稳定的环境刺激的机械反应，生来就有，不学而会，如眨眼、吞咽、咀嚼、打喷嚏等。条件反射是有机体在生活过程中，为适应环境变化，经过学习形成的反应形式。

高级神经活动的基本过程是兴奋和抑制，二者可以扩散和集中，亦可互相诱导。

人的心理现象可以概括为两个方面：一为一般心理过程，即人类心理现象上的共性；一为个体心理特征，即心理过程在每一个人身上的独特组合和具体表现。

二、一般心理过程

人的一般心理过程分为知、情、意三个方面，即认知过程，情绪、情感过程，意志过程。

（一）认知过程

认知过程是人通过大脑，对客观事物的现象和本质进行反映时的心理过程，有感觉、知觉、记忆、思维、想象、注意等要素。

感觉（Sensation）有外部感觉和内部感觉，前者是人脑对客观事物的个别属性的直接反映，如视觉、听觉、味觉、嗅觉、皮肤感觉；后者为对人体本身的感觉，如平衡感觉、运动感觉、肌体感觉。

知觉（Perception）是人类对客观事物的整体进行的综合反映，按反映活动中起主导作用的分析器，可分为视知觉（如看电视）、听知觉（如听音乐）等。按被知觉的客体，可分为时间知觉、空间知觉和运动知觉等。

感觉和知觉统称感知，是人的主体对客观事物的主观能动反映。

记忆（Memory）是人脑对过去经验的反映，包括四个基本过程：（1）识记：是信息的输入和编码，具有选择性，只有环境中那些引起人们注意的刺激，才在感知的基础上形成记忆。（2）保持：已经识记的信息在头脑中存储因而得以巩固的过程。（3）再现：亦称回忆，是对已存储的信息进行提取，使之恢复活动。（4）再认：有些已存储的信息由于某种原因不能再现，但当刺激重新出现时，就能加以确认。记忆有语言记忆和表象记忆两种，二者在内容上的比例约为 1000：1。表象（Image）是曾经感知过的事物形象在人脑中保留的映像。人类记忆是一个积极能动的发展过程，有其自身的活动规律。信息不能保持，在应用时不能及时提取，是谓遗忘。

思维（Thinking）是人透过客观事物的表面现象去认识其本质属性及内在联系的过程，是客观现实的间接的概括的反映。客观事物直接作用于人的感觉器官，产生感觉和知觉，二者以感性形象反映事物的个别属性或个别的事物，使人能把握各种现象和事物的外部联系。思维是以感知为基础的一种更高级的认识过程，它运用分析和综合、抽象和概括等智力操作对感知信息进行加工，以存储于记忆中的知识作媒介，反映事物的本质和内在联系。这种反映以概念、判断和推理的形式进行，带有间接和概括的特性。

想象（Imagination）是一种特殊的思维形式，是人对大脑中已有的事物形象经过加工改造而形成新形象的过程，各种学习和创造活动均离不开它。可分两种：（1）不随意想象：没有预定目的和计划而产生的想象，梦就是它的极端情况。梦中的情节都是由表象构成的，这种表象是不随意的，不受目的和任务的支配。（2）随意想象：有预定目的、自觉地进行的想象，依创造性程度的不同，又可分为再造想象和创造想象，前者指这些形象是根据别人的描述或图样再造出来的，但又是根据当前的任务对过去感知的材料加工改造而形成的，因此也有一定的创造性；后者是人们进行一切创造性活动所必需的心理活动。想象与抽象思维紧密联系。要顺利地进行创造想象，需要有丰富的知识，并积极进行抽象概括，起重要作用的是原型启发，即从其他事物中获得解决问题的启示。幻想是与个人愿望相结合并指向未来的想象，是创造想象的特殊形式。积极的幻想具有实现的可能性，可以成为创造想象的动力；消极的幻想脱离现实，成为空想。

注意（Attention）不是一种独立的心理过程，而是心理过程的一种共同特性。它是心理活动对一定对象的有选择的集中，可以指向外界事物，也可以指向自己的行动或思想。

（二）情感过程

情绪（Emotion）和情感（Feeling）是人对现实事物所抱态度的一种主观体验，是人脑对客观事物与主体需要之间关系的反映。二者有别于认知活动，具有特殊的主观体验，显著的身体和生理变化，以及外部表情行为。情绪和情感微有不同：人们常将短暂而强烈的有情景性的感情反应看作是情绪，如愤怒、恐惧、狂喜等；将稳定而持久的、具有深沉体验的感情反应看作是情感，如自尊心、责任心、热情、亲人之间的爱等。但这种区分只是相对的，两个名词常常通用，通常所说的感情，既包括情绪，也包括情感。

感情是很复杂的，很难有准确的分类。一般认为，人类最原始的情绪有愉快、愤怒、恐惧、悲哀。儒家把人的感情分为喜、怒、哀、惧、爱、恶、欲(《礼记·礼运》)。中医学的七情为喜、怒、忧、思、悲、恐、惊。此外如荀子、笛卡儿、斯宾诺莎等,各有自己的分类。

感情具有两极对立的特性,比如每种感情均可找到与之对立的感情。人的感情与其需要、态度密切相关,这一基本特点决定了感情的两极对立性。如人的感情可分积极、消极两大类:凡外部事物与人的需要和愿望相一致时,即产生积极的感情体验,如愉快、爱慕、兴趣等;反之,如不一致,或需要的满足受到阻碍时,即产生消极的感情体验,如愤怒、悲伤、痛苦等。

感情状态有几种特殊形式:(1)心境(Mood)是持久而淡漠的心理状态,可以形成人的心理状态的一般背景。(2)激情(Passion)是一种强烈的、爆发性的、相当短暂的情绪体验,如狂欢、暴怒、痛哭等,通常由突然发生的对人具有重大意义的事件引起,其发展大致有三个阶段:首先,由于意识控制减弱,身体的变化和表情动作越来越失去控制,细微的动作由于高度紧张而发生紊乱,人的行为服从于所体验的感情;然后,人失去意志的监督,发生不可控制的动作和失去理智的行为,事后回想对之会感到羞耻和后悔;最后,在激情爆发后,会出现平静和疲劳现象,严重时出现精力衰竭,对一切事物抱不关心态度,有时还会精神萎靡(激情休克)。(3)应激(Stress)是在人的生命或精神处于威胁情况下采取必要的决定行动时、或无力应付威胁的处境时产生的情绪状态。长时期持续的应激能引起精神创伤,危及身体健康。

感情可以发生在不同的水平上:

(1)与感觉刺激(如嗅、味、触、声音、颜色等)相联系的简单感情,如对噪音、臭味的厌恶。

（2）与肌体感觉（如饥饿、疼痛等）相联系的简单感情，如对饱食感到满足，对身体的良好状态感到舒适等。

（3）表现个人气质的感情，如乐观、生气勃勃、冷静、忧郁等。这种在个人气质中表现得持久而经常出现的感情体验，成为人格构成的重要成分。

（4）复合感情，可分三种：

一是道德感，例如善恶感、正义感，是关于人的行为、举止、言语、思想、意图是否符合需要而产生的感情体验。对合乎道德规范的言行，产生满意、愉快、赞赏、钦佩、尊敬、爱慕等肯定感情，对违背道德规范的言行则产生不满、不悦、蔑视、厌恶、愤怒、鄙弃、羞恶等否定感情。

二是理智感，是在人们智力活动中产生的感情体验，是与人们的深化认识、追求真理、进行创造的需要相联系的科学意识，如求知欲、认识兴趣、追求真理的渴望等。好奇心、求知欲是人类行为最强烈的动机之一，能将人引向对未知事物的学习和探讨。在心理学研究中，曾认为人类行为的本能动机是饥饿、性欲及回避痛苦，却很少对好奇心进行实验研究。坚定而深刻的理智感能使人的精神境界高尚，鼓舞人攀登科学高峰，是进行创造的重要因素。

三是审美感，是人对客观事物美的反映过程中产生的美的体验，是客观事物与主体需要美之间的关系的反映。美感是有喜悦、赞美、振奋的积极感情体验，能使人感到心旷神怡，精神焕发。

需要（Need）是有机体对内部环境和外部生活条件的稳定要求，是其赖以生存和发展的必要条件。人的需要通常以意向、愿望的形式表现出来。意向（Intention）是人模糊地意识到需要的心理状态，是行为动机的初级形式，是在还未清楚地意识到需要对象之前带情感性的需求动力。意向推动意识进一步明确需要的对象，并产生相应的愿望（Wish）。一般称强烈的愿望为欲望（Desire），中国古代哲学中并不讳言人欲，西方哲学中更是常常提到欲望。

人的需要是多方面、多层次的。就其起源而言，可分为生物性的需要和社会性的需要，前者包括饮食、呼吸、性、适宜的温度、运动、休息等，与维持和延续生命直接相关，是人和动物所共有的；后者包括求知、工作、贡献、交往、归宿、美等，如得不到满足，也会产生痛苦、沮丧、焦虑等消极情绪。就其指向的对象而言，可以分为物质的需要和精神的需要，前者包括对物质产品和社会文化产品的需要，后者是人对知识、成就、交往、道德、艺术等方面的需要的反映，是人所特有的。

需要一旦被意识到，就以行为动机（Motive）的形式表现出来。动机是激励人们行动的原因，是发动和维持活动的心理倾向。人的行为总是由一定的原因引起的，这种原因或是来自个体内部的需要，或是来自外部环境中某种被个体意识到的推动力。行为（Act）是具有一定动机和目的并指向一定客体的运动系统；人的行为不是孤立的，它总是由一定的动机所激发，并以自觉的目的为特征。人的行为，就其目的与后果的意识程度，可分为冲动（Impulse）行为和意志行为两种。在产生冲动行为时，其目的与后果的意识程度较低，甚至处于意识阈下。这种行为往往是由于强烈刺激所产生的激情引起的，但仍然不能说是不受意志的支配。儿童和少年容易产生冲动，但是随着自我意识的发展，冲动行为便会逐渐减少。为防止冲动行为发生，应培养自制力。意志行为是以人对其目的与后果的深思熟虑和克服内外困难为特征的。

动机可以分为外在动机和内在动机。外在动机以外界刺激为诱因，更多的是来自社会，如名誉、地位、团结、友爱等。

最基本的内在动机是本能（Instinct）。某一动物物种的成员所均具有的典型的、刻板的、受到一种特殊刺激便会按一种固定模式行动的行为，如鸟筑巢、蜂酿蜜、鸡孵蛋等觅食、自卫和生殖行动，是由遗传固定下来，在个体发育过程中随着成熟和适当的刺激经验而逐一出现的。

在任何时候，许多动机可能指导一个人的行为。马斯洛提出，基本上有五类影响人的需要或动机，这些动机用阶梯式的方式组织起来，如图所示。①

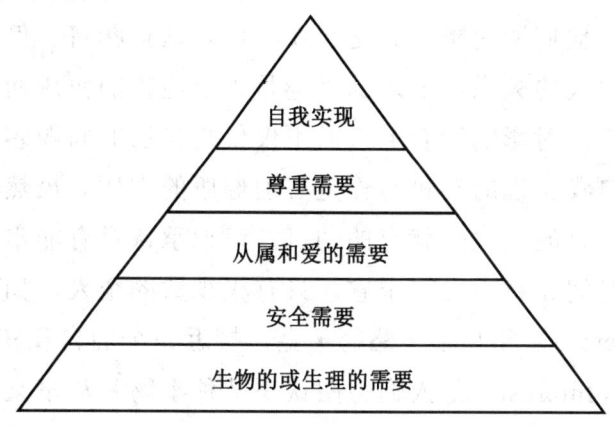

（1）生物的或生理的。这些动机包括对食物、水、氧气、活动和睡眠的需要。

（2）安全。安全需要的例子，在儿童为受到照料，在成人为可靠的收入来源和生活的处所。许多人耗费了一生的大部分时间和精力去试图满足这一水平的需要。

（3）从属和爱。从属是参加各种社会团体，例如俱乐部及其他正式的社会组织。马斯洛的所谓爱是指同其他人的亲切关系。有些亲切关系可能有性的成分；最为理想的，是所有亲切关系均以互相尊敬、爱慕和信任为基础。

---

① A.马斯洛（1908—1970），美国比较心理学家和社会心理学家，人本主义心理学创始人。Abraham Maslow, Motivation and Personality, 2nd edition, Harper & Row, 1970.

（4）尊重。尊重是对一个人的真实、根本的尊敬，认为他是一个诚实的、正直的人。受到尊重带来有能力和受信任的情感，产生富有成就和人格高尚的感觉。为满足受尊重的需要而做出的努力，可以采取无限众多的形式。有些人通过自己的事业来受到尊重，而有些人则通过和家属、朋友或较大社团的关系来受到尊重。

（5）自我实现（Self-actualization）。当人们的动机不是由于没有得到满足的需要而是出于充分发挥自己的全部天赋聪明才智的欲望时，他们所追求的就是自我实现。这意味着，例如，探索和加强同他人的关系，追求的兴趣是为了纯粹的快乐而不是为了地位或名望，对影响所有的人而不仅仅是自己的问题感到关怀。马斯洛把自我实现的动机看作是心理健康的本质。虽然他认为自我实现是所有的人生来就有的动机，但他承认只有非常少数的人肯花一些时间和精力去追求它。只有极少数的个人，如圣特雷萨（Mother Teresa）和马丁·路德·金，接近完全的自我实现。

兴趣（Interest）是人们力图认识某种事物和从事某项活动的意识倾向，是一种选择性活动和积极的情绪反应。兴趣基于精神需要（如对科学、文化知识等），又与认知和情感相联系，在人的实践活动中具有重要意义。

（三）意志过程

意志（Volition）是人有意识、有目的、有计划地调节和支配自己行为的心理过程。人的行为是由各种不同的动机引起的。当一个人意识到自己有某种需要时，就会产生满足需要的欲望，从而进一步有意识地确定自己的目的，拟定达到目的的计划，并做出行动，这种行动始终是由意识调节支配的，是自觉的、指向一定目的的，会努力去克服一切障碍。从产生动机到采取行动的这一心理过程，就是意志。

良好意志品质表现为自觉性、果断性、坚韧性和自制力（自觉地控制自己的情感,约束自己的言行,毅力即是坚强的自制力)。

三、个性的心理特征

个性的心理特征是心理过程在各个人身上的独特组合和具体表现,可以从六个方面去观察。

能力(Ability)是掌握和运用知识技能的条件,并决定活动效率的一种个性的心理特征,可分为认识能力和操作能力,一般能力和特殊能力。一般能力为大多数活动所共同需要的能力,如观察力、记忆力、思维力、想象力、注意力等;特殊能力是为某项专门活动所必需的能力,如绘画能力、音乐能力、写作能力、体育能力等。

素质(Constitution)是能力的自然前提,人的神经系统以及感觉器官、运动器官的生理结构和功能特点,特别是脑的微观结构的特点,与能力的形成和开发有密切的关系。

气质(Temperament)是人的心理活动的动力特征,主要表现在心理过程的强度、速度、稳定性、灵活性和指向性上。人们情绪体验的强弱,意志努力的大小,知觉或思维的快慢,注意集中时间的长短,注意转移的难易,以及心理活动是倾向于外部事物或倾向于自身内部,凡此种种,都是气质的表现。气质表现在认知过程、情感过程、意志过程中。

人的气质有四种最基本的类型。人们至今还沿用古希腊罗马时代划分气质类型的名称,即多血质、胆汁质、粘液质、抑郁质。多血质的人活泼好动,容易适应新环境;注意力易于转移,接受新事物快,但印象不很深刻;情绪和情感容易产生,也容易改变,并且暴露于外。胆汁质的人率直热情,精力旺盛;性情急躁,反应迅速;情绪明显外露,但持续时间不长。粘液质的人安静平易,反应缓慢；善于克制自己，情绪不易外露；注意力稳定，但难于转移。抑郁质的人行为孤僻，反应迟钝；体验深刻，情绪不易外露，善于觉察到别人不易觉察的事物。

气质使人的心理活动染上某些独特色彩，也影响性格形成与发展的速度和状态，但不决定一个人性格的倾向性和能力的发展水平。任何一种气质类型既有积极的一面，也有消极的一面，它是在人的社会活动与教育条件下形成、发展和改造的。

性格（Character）是人对现实的态度和行为方式中比较稳定的心理特征的总和，如诚实或虚伪、勤劳或懒惰、自豪或自卑、勇敢或怯懦、果断或忧柔寡断，等等。性格是个性心理特征中具有核心意义的部分。

个性或人格（Personality）指个体特有的特质模式及行为倾向的统一体，这个词来自拉丁文 persona，意为面具。戏剧中演员所戴的特殊面具表现了剧中人物的角色和身份。用面具来表示个性或人格，实际上说明人既有表现于外给人印象的特点，也有某些未必显露于外的东西，这些稳定而又异于他人的特质模式，使人的行为带有一定的倾向性，表现了一个由里及表的、包括心与身在内的真实的个人——人格。较为综合的定义，可称个性或人格，是个体内在的行为倾向性，它表现一个人在不断变化中的全体和综合，是具有动力一致性和连续性的持久自我，是个人在社会化过程中形成特色的身心组织。这个定义强调了人格的四个方面：整体的人，持久的自我，有特色的个人，社会化的客体。

直觉（Intuition）是一种不经过分析、推理的认识过程，而直接、快速地进行判断的认识能力。比如，在几种方案面前，可以凭直觉判断优劣；观看一部作品后，可以凭直觉判断它可能产生的社会影响等。完形（格式塔）心理学认为直觉是对整体情景的把握。近代认知心理学则将直觉看成一种再认过程，是在过去经验的基础上，从长时记忆中提取能解决问题的答案的过程。直觉能力是人的心理能力高度发展的表现。由于人们的知识、经历、性格等各不相同，各人直觉判断的可靠性、准确性也有较大的差别。直觉实际上是一个人的全部心理能力（如观察力、思维力、记忆力）以及已有知识、经历、环境影响、个性特征等在短时间内的整体呈现。

中 编
人性剖析

中篇

人性解析

第四章 何谓人性

从逻辑学来看，人性是什么，是一个概念问题；人性怎么样，是一个判断问题。如果不加以区分，就会使辩论变得毫无意义。本章讨论人性是什么，下章讨论人性的善恶。

一、中国历史上的人性论争及其症结

（一）有无人性

不论古今中外，大都承认有人性（Human nature）。

中国古代孟、荀以来的性善性恶之争，其前提自然是承认有人性。

在西方，古代希腊的柏拉图（公元前427—前347）是"二元"人性论观点的主要来源之一。[①] 根据这种观点，灵魂或心灵是能脱离肉体而存在的非物质的东西。灵魂由三种因素组成：理性（Reason）；愤慨（Indignation）、忿怒（Anger）或意志（Spirite）；欲望（Desire）或情欲（Appetite）。理性具有智慧，意志产生勇

---

① 莱斯利·史蒂文森《人性七论》，袁荣生、张蕖生译，商务印书馆，1994年，第40页。

敢，情欲应加节制。三者在理性统率下和谐共处，就能成为一个公正的人。

英国哲学家培根（1561—1626）认为，人类的知识有三大类：自然的知识（自然科学）、上帝的知识（神学）、人类自身的知识（人的哲学）。在人的哲学中，对人的个性的综合研究，就是对人性的研究，这应当成为一门独立的科学。应当通过观察人的身心的各自表现和交互影响，去研究人性。（《论说文集》）

英国哲学家休谟（1711—1776）的重要著作就是《人性论》（三卷本，1739年—1740年出版），他在该书《导言》中指出，自然科学、哲学甚至自然哲学等一切科学均或多或少与人性有关；它们不论看来与人性离得多远，总会通过这种或那种途径回到人性。因此，人性是一切科学的"首都或心脏"。不先解决人性问题，其他一切知识均无法确切解决。休谟所说的人性，就包括认知、情感和道德。

英国经济学家亚当·斯密（1723—1790）在《道德情操论》和《国富论》中，认为不论人如何自私自利，他的本性总是存在着"同情感"，即关心别人的命运和祸福的一种情感，这是人类原始的情感，是人所共有的本性。

英国政治学家蒲莱士在其巨著《现代民主政治》（1921）中，多次指出人性与社会制度的关系。

近年来，谈论人性的专著和译著在国内亦颇为常见。[①]

（二）中国历史上的人性善恶之争

在我国古代，孟子（约公元前372—前289）主张性善，荀子

[①] 例如，孙鼎国、李中华主编《人学大辞典》，河北人民出版社，1995年；王元明《人性的探索》，南开大学出版社，1993年；徐复观《中国人性论史·先秦篇》，台湾商务印书馆，1984年；莱斯利·史蒂文森《人性七论》，袁荣生、张蕖生译，商务印书馆，1994年和 Leslie Stevenson, The Study of Human Nature, Oxford University Press, 1981；[美]亨利·哈里斯《科学与人》，商梓书、江先声译，商务印书馆，1994年。

（约公元前313—前238）主张性恶，告子（战国时人）主张人性无分善恶（"性无善无不善也"）。还有人主张"性可以为善，可以为不善，是故文武兴（周文王和武王当政），则民好善；幽厉兴（周幽王和厉王当政），则民好暴"。① 也有人主张："有性善，有性不善，是故以尧为君而有象（尧那样好的君主之下却有象那样坏的子民）；以瞽瞍为父而有舜（瞽瞍那样坏的父亲，却有舜那样好的儿子）；以纣为兄之子，且以为君，而有微子启、王子比干（纣那样坏的君主，却有微子启、王子比干那样好的叔父作臣子）。"②

张中行总结说："性的本相究竟怎样呢？这在中国历史上是个头绪纷杂的问题。纷杂的象征之一是，人人都在闭门造车，甲说性善，乙说性恶，丙说性无善无恶，丁说性有善有恶，戊说生善染恶，己说性善情恶，等等；之二是，公说公有理，婆说婆有理，谁也说不服谁；之三是，谁也难于自圆其说。"③

（三）争论的症结

中国历史上人性论争之所以纠缠不清，其症结在于各人所指的人性在内容上并不相同，因此争论就没有结果。徐复观指出："孟子不把由耳目所发生的欲望当作性，而荀子则正是以欲为性。两人所说的性的内容并不相同，则荀子以孟子为对象来争论性的善恶，不仅没有结果，并且也没有意义。"④

徐复观分析造成这种误会的原因，可能是由于荀子不曾见到《孟子》一书，而只是听到有关孟子的传说。徐复观指出："荀子与孟子大约相去三四十年。我根本怀疑荀子不曾看到后来所流行的《孟子》一书，而只是在稷下时从以阴阳家为主的稷下先生们

---

① 《孟子·告子上》。
② 《孟子·告子上》。
③ 《顺生论》，中国社会科学出版社，1993年，第31页。
④ 《中国人性论史·先秦篇》，台湾商务印书馆，1984年第7版，第238页。

的口中，听到有关孟子的传说……而他对孟子人性论的内容，可说毫无理解。假定他看到了《孟子》一书，以他思想的精密，决不致一无理解至此。以当时竹简流行困难的情况来说，则荀子之对于孟子，只是得之于传闻，而未尝亲见其书，那是非常可能的。"①

吸取历史的教训，我们今天研讨人性，就应当把人性这一概念和关于人性的判断（即人性是什么和人性怎么样）截然分开。

二、人性概念的内涵与外延

"人性"是一个概念。概念是反映事物本质属性的思维形式。本质属性是事物存在的根源，是不同事物彼此区别的标志。概念有内涵和外延：内涵是概念所反映的对象的本质属性，外延是概念所反映的对象的数目范围。例如"艺术"这一概念，它的内涵是通过典型形象反映现实生活的意识形态，它的外延是指文学、绘画、雕刻、音乐、戏剧、舞蹈等。

定义是揭示概念内涵的逻辑方法。就人性而言，告子说"生之谓性"（《孟子·告子上》），即生成的叫做性。《中庸》说"天命之谓性"（第一章），即上天所给予的气禀叫做性。荀子说"凡性者，天之就也，不可学，不可事……不可学、不可事而在人者谓之性"（《荀子·性恶篇》）。《四书道贯》说"宇宙万物各有其生存的本能，庶能遂其生。此种本能称之谓性，乃与生俱来，不待教而能者也。"②

可见，人性就是人人具有的与生俱来的本质属性，是不学而能的。这一定义似乎大家都会同意。对于人性概念的外延，似乎

---

① 《中国人性论史·先秦篇》，第 257—258 页。
② 陈立夫《四书道贯》，台湾世界书局总经销，1987 年第 18 版，第 88 页。

意见并不相同。荀子说欲望是人性,而孟子则说只有仁、义、礼、智才是人性,韩非子说好利恶害是人性。人性概念的外延就是指人性究竟包括哪些内容。张中行说:"性的本身是什么,很难说。我们无妨、或者只能从表面看,那就是与生俱来的某些能力(能做什么,不能做什么),某些趋向(要怎样,不要怎样)。"(《顺生论》,第32页)

为了探讨人性概念的外延,我们在下一节分别考察有关人性本身的各种见解。

三、有关人性本身的各种见解

(一)《礼记》所说的人性

《礼记》是儒家的重要经典著作,是中国封建时代青少年必读的"五经"之一,集成于汉代,《汉书·艺文志》注明它是七十子后学所记。其中《礼运篇》提出的人性内容,有七情、大欲、大恶:

> 孔子曰:呜乎哀哉!我观周道,幽厉伤之,吾舍鲁何适矣?鲁之郊禘,非礼也,周公其衰矣……故圣人耐以天下为一家,以中国为一人者,非意之也,必知其情,辟于其义,明于其利,达于其患,然后能为之。何谓人情?喜、怒、哀、惧、爱、恶、欲,七者弗学而能。何谓人义?父慈、子孝、兄良、弟弟(悌)、夫义、妇听、长惠、幼顺、君仁、臣忠,十者谓之人义。讲信修睦,谓之人利。争夺相杀,谓之人患。故圣人之所以治人七情,修十义,讲信修睦,尚辞让,去争夺,舍礼何以治之?饮食男女,人之大欲存焉;死亡贫苦,人之大恶存焉;故欲恶者,心之大端也。人藏其心,不可测度也。

美恶皆在其心，不见其色也。欲一以穷之，舍礼何以哉？①

《礼记·乐记》还提出了天理人欲之说，认为静是人的天性，动是受外界的引诱。动表现为欲望和好恶之情，欲望是无穷的，好恶是没有节制的，结果就会造成灭天理而穷人欲的局面：

> 人生而静，天之性也。感于物而动，性之欲也。物至知知（上知字是体，下知字是用），然后好恶形焉。好恶无节于内，而知诱于外，不能反躬，天理灭矣。夫物之感人无穷，而人之好恶无节，则是物至而人化物也。人化物也者，灭天理而穷人欲者也。于是有悖逆诈伪之心，有淫泆作乱之事。是故强者胁弱，众者暴寡，知者诈愚，勇者苦怯，疾病不养，老幼孤独不得其所，此大乱之道也。②

宋代理学家以仁、义、礼、智为天理，以之与人的生活欲望相对立。后人反对这种观点，如明清之际王夫之提出"随处见人欲，即随处见天理"，反对"离欲而别为理"（《读四书大全说》，卷八）；清戴震认为"理也者，情之不爽失也，未有情不得而理得者也"，"是理者存乎欲者也"（《孟子字义疏证·理》）。他们都指出了天理离不开人情、人欲。

（二）孟子所说的人性

孟子所说的人性，是指人的恻隐之心、羞恶之心、辞让（或恭敬）之心、是非之心。这四心是人生而具有的，是仁、义、礼、智的发端，或者径直就是仁、义、礼、智。他说：

> 人皆有不忍人之心……今人乍见孺子将入于井，皆有怵惕恻隐之心。非所以内交于孺子之父母也，非所以要誉于乡

---

① 陈澔注《礼记集说》，上海古籍出版社，1987年，第125—126页。着重号是本书作者加的。

② 陈澔注《礼记集说》，上海古籍出版社，1987年，第206页。着重号是本书作者加的。

党朋友也，非恶其声而然也。由是观之，无恻隐之心，非人也；无羞恶之心，非人也；无辞让之心，非人也；无是非之心，非人也。恻隐之心，仁之端也。羞恶之心，义之端也。辞让之心，礼之端也。是非之心，智之端也。人之有是四端也，犹其有四体也。①

孟子还提出了性、心、情、才等概念，其实所指的无非都是性。他说：

> 公都子曰，"告子曰，性无善无不善也。或曰，性可以为善，可以为不善……或曰，有性善，有性不善……今曰性善，然则彼皆非欤？"孟子曰，"乃若其情，则可以为善矣，乃所谓善也。若夫为不善，非才之罪也。恻隐之心，人皆有之。羞恶之心，人皆有之。恭敬之心，人皆有之。是非之心，人皆有之。恻隐之心，仁也。羞恶之心，义也。恭敬之心，礼也。是非之心，智也。仁义礼智，非由外铄我也，我固有之也，弗思耳矣。故曰，求则得之，舍则失之。或相倍蓰而无算者，不能尽其才智者也。②

徐复观解释说：

> 《孟子》中的性、心、才、情，虽层次不同，但在性质上完全是同一的东西。从心向上推一步即是性，从心向下落一步即是情；情中含有向外实现的冲动，即是才。张横渠谓"心统性情"（《横渠语录》），就《孟子》而言，应当是心统性、情、才。心是善的，性、情、才当然也是善的。③

孟子有时也称生而即有的欲望为性：

---

① 《孟子·公孙丑上》。
② 《孟子·告子上》，着重号系本书作者所加。
③ 《中国人性论史·先秦篇》，第179页。

>……口之于味，有同耆（嗜）也。易牙，先得我口之所耆者也。如使口之于味也，其性与人殊，若犬马之与我不同类也，则天下何耆皆从易牙之于味也？①

但是孟子说：

>人之所以异于禽兽者几希。庶民去之，君子存之。舜明于庶物，察于人伦，由仁义行，非行仁义也。②

徐复观认为，孟子不是从人的一切本性来言性善，而只是从异于禽兽的几希处来言性善。几希就是"四心"，是生而即有的，可以称之为性。几希是仁义之端，本来是善的，可以称之为性善。孟子所说的性善之性的范围，比一般所说的性的范围小，至于官能的欲望，孟子称之为命：

>口之于味也，目之于色也，耳之于声也，鼻之于嗅也，四肢之于安佚也，性也，有命焉，君子不谓性也。仁之于父母也，义之于君臣也，礼之于宾主也，知之于贤者也，圣人之于天道也，命也，有性焉，君子不谓命也。③

孟子又说：

>求则得之，舍则失之，是求有益于得也，求在我者也。求之有道，得之有命，是求无益于得也，求在外者也。④

仁义礼智存于人的"四心"，求则得之，故称为性；官能欲望的满足有待于外，求之未必能得，故称为命。

四心和仁义礼知为道德感，属于情感范围，孟子称之为性，是站得住脚的，但是他把人的官能欲望称之为命而不称之为性，这就很牵强了。

---

① 《孟子·告子上》。
② 《孟子·离娄下》。
③ 《孟子·尽心下》。
④ 《孟子·尽心上》。

（三）荀子所说的性

荀子所说性的内容，有由官能所发生的欲望，如饥而欲食等；也有官能的能力，如目辨黑白美恶等。但他只从官能的欲望来言性恶。他说：

> 凡人有所一同。饥而欲食，寒而欲暖，劳而欲息，好利而恶害，是人之所生而有也，是无待而然者也，是禹桀之所同也。目辨白黑美恶，耳辨音声清浊，口辨酸咸甘苦，鼻辨芬芳腥臊，骨体肤理辨寒暑疾养（痒）。是又人之所常（衍文）生而有也，是无待而然者也，是禹桀之所同也。可以为尧禹，可以为桀跖，可以为工匠，可以为农贾，在势（衍文）注错习俗之所积耳，是又人之所生而有也，是无待而然者也，是禹桀之所同也……汤武存，则天下从而治；桀纣存，则天下从而乱，如是者，岂非人之情，固可与如此，可与如彼也哉？①

《荀子》全书中，将性、情二字互用，上文"生而有"、"无待而然"，正是"性者，天之就也"（《荀子·性恶篇》）的另一说法。

荀子以人的生理的需要作为性的内容，当然是对的，但他对孟子所说的"四心"，则没有触及，可见徐复观认为荀子可能不曾亲眼目睹《孟子》一书，不是没有道理的。

（四）韩非子所说的人性

韩非（约公元前280—前233）是战国末期的思想家，先秦法家思想的集大成者。在《韩非子》中虽未明白使用人性二字，却蕴涵论述了有关人的本性。他认为"好利恶害，人之所常有也"（《难二》）；"人无智愚，莫不有趋舍（即趋利舍害）"（《解老》）；"民之故计，皆就安利（趋向安全和利益），如辟穷危（逃避危险

---

① 《荀子·荣辱篇》。

和穷困)"(《五蠹》);"夫安利者就之,危害者去之,此人之情也……人焉能去安利之道而就危害之处哉?"(《奸劫杀臣》)。他认为人性好利是基于人的本能需要,"以肠胃为根本,不食则不能活,是以不免于欲利之心"(《解老》)。他甚至认为在父母子女之间、君臣之间,都是以利为纽结的。利可以使人变成懦夫,更能驱使人变成勇士。

(五)亚里士多德所说的人性

古代希腊哲学家亚里士多德(公元前384—前322)强调求知是人的本性,他说:

> 求知是人类的本性。我们乐于使用我们的感觉就是一个说明;即使并无实用,人们总爱好感觉,而在诸感觉中,尤重视觉。无论我们将有所作为,或竟是无所作为,较之其他感觉,我们都特爱视觉。理由是:能使我们识知事物,并明察事物之间的许多差别,此于五官之中,以得之于视觉者为多。[①]

亚里士多德认为求知是最快乐的事情:

> 求知不仅对哲学家是最快乐的事,而且对一般人来说,无论他们的求知能力多么小,也依然是一件最大的乐事。我们在观看艺术表演时之所以产生快感,就是因为在观看的同时也就是在求知——推测某物的意义,例如,"在这个人身上发生了某某事"。[②]

这同孔子所说的"学而时习之,不亦乐乎?"(《论语·学而》)颇为相似。

[①] 亚里士多德《形而上学》,吴寿彭译,商务印书馆,1959年,第1页。
[②] 《诗学》,4,1448b,5—17。转引自卡西尔《人论》,甘阳译,上海译文出版社,1985,第176页。

（六）休谟所说的人性

休谟的《人性论》一书，将认知、情感、道德均包含在研究范围之内。全书共分三卷：第一卷是认知论（On understanding），第二卷是情感论（On passions），第三卷是道德论（On morals）。认知论共分四编，第一编论观念，分七章，几乎占全书的一半；第二编论空间和时间观念，分六章；第三编论知识与概然性，分十六章；第四编论哲学的怀疑论及其他体系，分七章。情感论分三编，涉及骄傲与谦逊、爱与恨、意志与直接情感，共二十九章。道德论涉及一般的善与恶、正义与非正义、其他的善恶，共十八章。

可见，休谟所说的人性内容，是包括知、情、意三个方面的。

（七）罗素所说的人性

英国哲学家伯特兰·罗素（1872—1970）认为求知是人类最主要的冲动，获得知识使人感到愉快。他说：

> 人的活动大概有三个来源，即本能、思想和精神。思想生活是追求知识的生活，从只是天真的好奇心起，一直到思想的伟大努力。在动物中也有好奇心，为一个显著的生物方面的目标服务。只在人类才超过了探查某些东西是可吃还是有毒，是友好的还是敌对的。好奇心是最主要的冲动，科学大厦建立在它之上。现在知识已被认为十分有用，大部分真实获得的知识不再是由好奇心促成，有无数其他动机共同来培养智力的生活。然而，对知识的直接爱好和不喜欢犯错误的心理仍占居重要地位，特别是就那些在学问上最成功的人来说。获得知识，本身就使人感到愉快。获得知识的冲动和围绕着它的一切活动，构成这里所说的思想生活，这些思想全部或局部与个人无关，即是说它们注意于事物本身，而不单是因为跟我们的本能生活（一切关于保存自己和繁殖下代

以及从这些引申出来的欲望和冲动）直接有关。①

（八）马斯洛所说的人性

美国心理学家马斯洛强调创造是人的天性，他在观察自我实现的人时发现了这一点，他说：

> 创造力是我们研究或观察的所有对象的共同特点，无一例外。每个人都在这方面或那方面显示出具有某些独到之处的独创力或创造性……它似乎是普遍人性的一个基本特点——所有人与生俱来的一种潜力。大多数人随着对社会的适应而逐渐丧失了它，但是少数人似乎保持了这种以新鲜、纯真、率直的眼光看待生活的方式，或者先是像大多数人那样丧失了它，但在后来的生活中又失而复得。
>
> 这种创造力在我们的一些研究对象身上并不是以艺术、作曲、创造艺术作品这些通常形式表现出来的，相反，它可能要低下得多。这种特殊类型的创造力作为健康人格的一种显现仿佛是印在世界上的投影，或者，仿佛为这个健康人所从事的任何工作都涂上一层色彩。从这个意义上来说，可以有富有创造力的鞋匠、木匠、职员。一个人会以源于自己性格本质的某些态度、精神来做任何一件事情。一个人甚至能像儿童一样富有创造性地观察世界。②

（九）卡西尔所说的人性

德国哲学家卡西尔（Ernst Cassier，1874—1945）认为，真正的人性无非就是人的无限的创造性活动。他说：

> 《符号形式的哲学》是从这样的前提出发的：如果有什么

---

① Bertrand Russell, Principles of Social Reconstruction, Allen & Unwin, 1923, Ch.VII, Religion and the Churches.

② Abraham Maslow, Motivation and Personality, Harper & Row, 1954, Ch.12. 着重号为本书作者所加。

关于人的本性或"本质"的定义的话，那么这种定义只能被理解为一种功能性的定义，而不是一种实体性的定义……人的特出的特征，人与众不同的标志，既不是他的形而上学本性，也不是他的物理本性，而是人的劳作（Work）。正是这种劳作，正是这种人类活动的体系，规定和划定了"人性"的圆周。语言、神话、宗教、艺术、科学、历史，都是这种圆的组成部分和各个扇面。因此，一种"人的哲学"一定是这样一种哲学，它能使我们洞见这些人类活动各自的基本结构，同时又能使我们把这些活动理解为一个有机整体。语言、艺术、神话、宗教决不是互不相干的创造。它们是被一个共同的纽带结合在一起的……①

（十）萧伯纳所说的人性

英国剧作家和小说家萧伯纳（1856—1950）在其得意之作《重获长生（一本超生物学的圣经）》（Back to Methuselah：A Metabiological Pentateuch，1921年，后以各种版本重印多次）一剧中，借剧中人物之口，表达了生命永恒和进化在于求知与创造的意念。

下面是在戏剧的第二部分中，传播长生福音的巴巴拉兄弟与政治家卡宾的对话（企鹅丛书版，第139—140页）：

> 康拉德（弟弟，生物学家）：……"永恒的生命"是持续的；它只是耗尽了它的躯体和心灵，却又获得了新的躯体和心灵，就像新衣服一般……你只是夏娃身上的一顶新帽子和一条新裙子。
>
> 富兰克林（哥哥）：是的，越来越好的躯体和心灵，更适

---

① 《人论》，甘阳译，上海译文出版社，1985年，第86—87页。

于实行生命的永恒追求的躯体和心灵。

卢宾（暗自怀疑）：追求什么呢，巴巴拉先生，我可以问问吗？

富兰克林：追求无所不知（Omniscience）和无所不能（Omnipotence）。更大的力量和更多的知识，这是我们所有的人都在追求的，虽然危及我们的生命，牺牲我们的快乐，亦在所不惜。进化就是这种追求，此外别无其他。这是通向神性的道路。人和微生物的不同，只在于他在这条道路上走得更远一些。

卢宾：你预期这个不远的终点，需要多久才能到达？

富兰克林：决不会到达，感谢上帝！由于力量和知识是没有限度的，所以根本没有终点可言。"权力和光荣：一个没有终极的世界"。这些话对你就毫无意义吗？

卢宾（取出一个旧信封）：我愿意记下来（他记下了）。

康拉德：总会有些什么东西，值得为它活着。（着重号是本书作者所加）

在戏剧的第一部分第一幕（在伊甸园中），先有夏娃对她的一个儿子（一位武士）的讲话（上引书第99页）：

夏娃：他们（指她自己的子孙们）从来不想死，因为他们总是在学习，总是在创造，创造东西或是创造智慧，或者至少是在梦想创造它们。

然后有夏娃和蛇的谈话（上引书，第77—78、79页）：

夏娃：什么是想象？

蛇：……想象就是创造的开始。你想象你所欲望的；你意愿你所想象的；最后你创造你所意愿的（You imagine what you desire, you will what you imagine; and at last you create what you will).

……

夏娃：如果我也要像小鹿一样死去，那么为什么其他的东西就不也都死去呢？我还在乎什么呢？

蛇：生命决不能止息。这比一切的事情都重要。你说你不在乎是可笑的。你确实很在乎，正是这种在乎，将要点燃你的欲望，引起你的想象，使得你的意志成为不可抗拒的，并且从无何有之乡创造出东西来。（着重号为本书作者所加）

（十一）贺麟所说的人性

中国当代哲学家贺麟（1902—1992）认为，知物知天的努力出于人的必然本性。由知物进而用物，进而创造文明；由知天进而希天，进而与天为一。人人皆能希天，人人皆在希天。知物知天，就是尽性或实现自我，就是人生的使命和天职。实质上，贺麟所说的人性也可以说是求知和创造。

他的观点可以概述如下：[①]

人与禽兽不同，也许是因为人有自觉的使命感，而禽兽则没有。要知道什么是人的使命，先要知道什么是人。欲知人不可不知物，不可不知天。物有三义：一是自然，人是自然的一部分，受大自然一切规律的支配；了解了自然的全体，自可了解作为其一部分的人或人生，这就是自然科学研究的对象；二是实用之物，是人类理智创造以为己用的工具，由工具的知识可以进而了解支配工具的主人，这就是社会和工程科学研究的对象；三是文化之物，是人类精神的表现与创造，由于这些精神创造品，才可以了解个人的个性，民族的民族性或国民性，这就是精神科学研究的

---

① 贺麟《人生的使命》，载《文化与人生》一书，商务印书馆，1988年。着重号为本书作者所加。

对象。无论从对自然、社会或精神科学的研究，均可帮助了解什么是人。天亦有三义：一指美化的自然，如《易经》所说"天行健，君子以自强不息"，《论语》所说"天何言哉？四时行焉，万物生"，由山水花木而领悟天道人生，这是艺术家直觉的知天；二指天道，是总天地万物之理，亦即宇宙所以为宇宙、人生之所以为人生的基本法则，主宰宇宙人生的大经大法，这是哲学的理智的知天；三指有人格的神，亦即最圆满的理想的人格，亦为人人想要企求的最高境界的人格，最高的价值，这是人类情意所寄托的无上圆满的神，是道德生活与宗教信仰的天。说宇宙有天或神，就像说宇宙间也有一个总司令，知天就是与这位总司令直接接触，知悉其意旨，为天地立心就是代天立言，最终与天为一，与神为侣，即庄子所谓与造物者游。由知天而希天，由知天而与天合一，不仅圣人能希天，人人皆能希天，人人都在希天。知物与知天的过程，可以表现为：

知物→用物→征服自然、创造文明 ⎫
⎬ 尽性或实现自我
知天→希天→与天为一、与神为侣 ⎭

自我发现是发现自己的使命，自我实现是实现自己的使命。知天知物的努力出于人的必然本性，即尽性，亦即发现自我，完成人的使命。贺麟给人下的定义是：人是以天为体、以物为用的存在。人之知天知物，人之希天用物，是人人的使命，人人的天职。而个人的使命，则是个人的终身事业或终身天职，依个人的性情、才能、环境、家庭、朋友、社会、国家的需要，时代的趋势为转移。

（十二）马克思所说的人性

马克思认为人的本性就是人的需要，这一思想参见他在各个时期的著作。①

（1）1844年，马克思在《詹姆斯〈政治经济学原理〉一书摘要》中，首先将人的本质与人的需要联系在一起，他说："我的劳动满足了人的需要，从而物化了人的本质，又创造了另一个与人的本质的需要相符合的物品。"（《马克思恩格斯全集》，第42卷，第37页）

（2）马克思在《1844年经济学哲学手稿》中进一步阐述了人的需要就是人的本性。他认为，人的需要与动物的需要不同，后者靠自然的恩赐、以本能的活动来满足，而前者则靠人的主体能动性、以改造自然的生产活动来满足。因此，人的需要既是一种内在必然性（必然要满足），又是人的内在本质力量的体现，它使人们去进行活动。

马克思认为，人的需要主要有人的生物需要和社会需要，有物质需要和精神需要，有个人的需要和社会的需要，有活动需要、生存需要和发展需要等。

马克思认为，人的需要的内容和满足方式受物质生产和社会关系的制约。人的一般需要固然是人的一切活动的前提，但是必须用物质生产和社会关系去解释人的具体需要，因为二者决定需要的内容及其满足方式，并不断产生新的需要，使人的需要具有社会历史性。

马克思认为，人的需要是人进行生产和结成社会关系的动因，又是人的利益的生活基础和物质基础，是人进行生产在观念上的动机，也是历史的前提。他指出，人们所以进行生产，是为了生活的需要："为了生活，首先就需要衣、食、住以及其他东西。因此，第一个历史活动就是生产满足这些需要的资料，即生产物质

---

① 参见孙鼎阈、李中华《人学大辞典》，河北人民出版社，1995年，第549—578页；王元明《人性的探索》，南开大学出版社，1993年，第384—400页。

生活本身。"(《马克思恩格斯全集》第 3 卷，第 31—32 页）而要进行生产，人们必须结成一定的社会关系。

马克思指出，人直接地是自然存在物，一方面具有生命力，是能动的；另一方面又是受动的，他的欲望与需要的对象是不依赖于他而存在的，"但这些对象是他的需要的对象；是表现和确证他的本质力量所不可缺少的重要的对象"（《马克思恩格斯全集》第 42 卷，第 162—168 页）。这就是说，人的本质力量就是强烈追求自己需要对象的力量，其确证是人的需要的满足，人的本质与人的需要是同一的。

（3）1845—1846 年马克思恩格斯在《德意志意识形态》中将人的需要看作人的本性，是从人的内在本质力量的角度说明人的本质的。他在书中指出，人类社会历史的第一个前提是：人们为了创造历史，必须能生活，但为了生活，首先需要衣、食、住以及其他东西，因而人必须投身于生产满足需要的活动中去。人的需要是人的历史活动的前提。其次，作为现实的人必有其内在的规定性，这种内在规定性是由于他的需要及其与现实世界的联系所产生的。在现实世界中，人有许多需要，"他们的需要即他们的本性"（《马克思恩格斯全集》第 3 卷，第 514 页）。这就是说，人的需要是人的本性，因而是人的全部生命活动的动力。

（4）1847 年马克思在《哲学的贫困》中，提出了"整个历史无非是人类本性的不断改变"的思想。他认为，人的本性是追求自由自觉的活动，而人对这种活动的追求和实现的过程便是历史，在此过程中，人的活动的内容和形式不断改变，人类本性也不断在改变，因而没有永恒不变的人类本性，而人则是社会历史的产物。

（5）马克思恩格斯在《德意志意识形态》和《共产党宣言》

(1872年)中,还阐述了人的阶级性问题。在社会划分为阶级的情况下,人们的物质经济关系集中表现为阶级关系;在阶级社会中,一切人"只是经济范畴的人格化,是一定的阶级关系和利益的承担者……不管个人在主观上怎样超脱这种关系,他在社会意义上总是这种关系的产物"(《马克思恩格斯全集》第23卷,第12页)。

《人学大辞典》对这一段话的解释是:"同理,人性必然是具体的带有阶级性的人性。抽象的、超阶级的人性是没有的。不同的阶级成员必然具有不同的需求,不同的心理、感情、性格、习惯、思想、政治态度和社会联系等,都具有一定的阶级性质。但在马克思看来,承认人的阶级性,并不是说一切社会关系都可以简单地归结为只是阶级关系,把人性说成只是阶级性。在阶级社会中,人们的社会实践和社会关系是多方面的,并非只是阶级斗争和阶级关系,并且由于生活在同一社会里,不同阶级之间也有相互依存和相互渗透的一面。因此,对于阶级社会的人性,应作具体科学的分析。"(第570—571页)

(6)马克思在《资本论》第1卷中指出:"假如我们想知道什么东西对狗有用,我们就必须探究狗的本性。这种本性本身是不能从'效用原则'中虚构出来的。如果我们想把这一原则适用到人身上来,想根据效用原则来评价人的一切行为、运动和关系等等,就首先要研究人的一般本性,然后要研究在每个时代历史地发生了变化的人的本性。"(《马克思恩格斯全集》第23卷,第669页原注)即是说,什么东西对人有用不取决于事物本身的特性,而取决于人的需要,即人的本性。在这里,人的需要即人的本性得到了进一步的确认。

（十三）毛泽东所说的人性

毛泽东在《在延安文艺座谈会上的讲话》（1942年）中，有一段话谈到人性：

"人性论"。有没有人性这种东西？当然有的。但是只有具体的人性，没有抽象的人性。在阶级社会里就是只有带着阶级性的人性，而没有什么超阶级的人性。我们主张无产阶级的人性，人民大众的人性，而地主阶级资产阶级则主张地主阶级资产阶级的人性，不过他们口头上不这样说，却说成为唯一的人性。有些小资产阶级知识分子所鼓吹的人性，也是脱离人民大众或者反对人民大众的，他们的所谓人性实质上不过是资产阶级的个人主义，因此在他们眼中，无产阶级的人性就不合于人性。现在延安有些人们所主张的作为所谓文艺理论基础的"人性论"，就是这样讲，这是完全错误的。

对这段话，《人学大辞典》做了如下的解释（第602—603页）：

（1）毛泽东对于有没有人性作了肯定的回答。

（2）人性并不是某种超社会、超历史、超现实、超阶级的永恒不变的抽象物，它是具体的，历史的存在，是由现实的具体的人来体现的。在不同的历史时期，在不同的社会条件和实践过程中，人性的具体表现并不是相同的。

（3）人性的具体性、社会性在阶级社会中首先表现为人性的阶级性。在阶级社会里，应当首先看到阶级关系是人与人之间的基本关系。人无不分属于各自的阶级，超阶级的人是不存在的，故而人的阶级性也就成为决定和制约其他属性的最本质的东西。

（4）毛泽东在肯定人的阶级性的前提下，并没有因此而否定不同阶级之间的共性和人类共性的存在。前者如他同时又提出"人民大众的人性"，在有共同利益的各阶级之间，在人性上有共性，即反帝反封建的革命性；后者说明从伦理关系方面看，甚至利益对立的阶级的人亦有共性存在，《人学大辞典》举出下面的例子：

"1937年10月，延安抗日军政大学第六队队长黄克功，对陕北公学女学生刘茜逼婚未遂，开枪把刘茜打死。对此，毛泽东指出：黄克功的行为是'卑鄙的、残忍的'，是'失掉了党的立场的，失掉了革命立场的，失掉了人的立场的行为'。其中，人的立场亦即任何健全的人，不管是哪个阶级的人对待他人都应有的人性。而黄克功的行为是反人性的。"（第603页）

四、何谓人性：总结

根据本章和第一章的讨论，我们可以就何谓人性这一问题作出初步的总结。

人性就是人想做什么、人能做什么。人一要生存、二要发展。鲁迅说人"一要生存、二要温饱、三要发展"，不温饱无以生存，所以温饱可以归于生存。为了生存和发展，人要求知、要创造。在漫长的演进过程中，人凭借自己的智力认识自然、适应自然、利用自然、改造自然，创造了灿烂的文化。古往今来，学者们都承认，求知和创造是人类的天性。生存、发展、求知、创造是人性这一概念的内涵。

欲望、冲动、情感和需要是人类行为的动机，决定行为的目的，理智只是提供达到目的的手段，它是情感的奴婢，这是罗素和休谟的主张。作为人类行为的动机，除了生存、发展、求知、创造以外，还有其他各种各样的欲望和情感，其中有的有健康的倾向，有的有有害的倾向，所有这些其他的欲望和情感构成了人性这一概念的外延。

总括起来，生存、发展、求知、创造以及其他的欲望和情感是人人具有、与生俱来的本质属性，总称人性。

第五章　人性的善恶

　　人性怎么样，是一个判断问题。逻辑学上的性质判断，就是断定事物具有或不具有某种性质，如孟子说人性善，荀子说人性恶。

　　在西方哲学中，善恶问题也是一个长期争论的问题。按传统的说法，伦理学的研究包括两个部分：一部分研究道德准则，一部分研究善本身是什么。罗素总结说：

> 各种不同的哲学家形成了各种不同的善的概念。某些哲学家认为善存在于对上帝的认识与爱之中，有些哲学家认为善存在于博爱之中，有些哲学家认为善存在于美的享受之中，另外还有一些哲学家认为善存在于快乐之中。一旦善的定义被确定之后，伦理学的其余部分也就随之被确定了：我们应当按照这样的方式来行动，即尽可能多地创造善，尽可能少地创造与之相关的恶。只要终极的善被认为已知，制定道德准则就是科学的任务。[①]

---

① Bertrand Russell, Religion and Science, Thornton Butterworth, 1935, Ch.9, Science and Ethics.

本章先讨论何谓善、何谓恶，然后讨论人性究竟是善还是恶，进而对孟子性善说、荀子性恶说和冯友兰的人性善恶观做出评价。

一、何谓善、何谓恶？

中国哲学史上虽然长期存在人性善恶之争，对于善恶的内涵却仍无确定的界定。《辞源》解释善为："美好。恶之反。"并引证《书经·毕命》"彰善瘅（dàn，憎恨）恶"及《论语·子路》"不如乡人之有善者好之，其不善者恶之。"孟子曾说"可欲之谓善"（《孟子·尽心下》），后人注释说，"可欲即可好，其人善则可好，其人不善则可恶"（《孟子正义》，上海书店，第853页）。善的英文为good，即好。将善解释为好，善人即是好人，行善即是做好事，等于是同义反复。而且，好、坏、美、丑都是主观的判断，因人而异，甲认为是好的，乙可能认为不好，"情人眼里出西施"，"此之甘饴，彼之砒霜"就是这个意思。

我在这里先比较详细地介绍罗素的善恶观，一是因为它比较符合上章所述的人性概念，二是因为它比较符合客观实际。然后提出我自己的见解。

（一）罗素的善恶观

罗素认为，如果将善（Good）、恶（Bad）而不是将正当（Right，对）、不正当（Ought not）作为伦理学的基本概念，就能取得更大范围的普遍赞同。因为对正当或不正当、应当或不应当，各人可能有不同的看法。而善和恶则是可以界定的，一旦界定之后，善自然就是正当的和应当做的，恶就是不正当的和不应当做的。

罗素对善作了三种不同的解释，三者之间具有内在的联系。

（1）善是欲望的满足[①]

善与恶就是好和坏。在一个没有生命的世界里，就无所谓好与坏。我们如果对发生在自己身上的事情无动于衷，就不难屈从于自己的命运，不论它是好是坏。如果我们没有欲望，就不会想到好与坏的对立。我们感到痛苦时，愿意摆脱它；感到快乐时，愿意延长它。当自由受到限制时，我们感到苦恼；当限制消除时，我们感到高兴。当食物、饮水、爱情缺乏时，我们愿意得到它。因此，善的定义必须从欲望出发。凡是满足欲望的事情都是善，更确切地说，可以将善定义为欲望的满足。一件事情如果能满足更多的欲望或更强烈的欲望，它就更善些。

罗素并不认为这是善的唯一可能有的定义，他只是认为，比起其他在理论上可以为之辩护的定义来，这个定义的结果更符合大多数人的道德情感。

在行动上，每个人都在追求自己欲望的满足，因为我们的所有行动，除了纯粹的反射行为以外，都必然是从我们自己的欲望激发的。我的欲望不一定都是以自我为中心的，例如绝大多数人欲望自己子女幸福，有些人欲望自己国家的人民幸福，少数人欲望全人类幸福。然而，不管怎样，这些欲望必须是我自己的欲望，否则它就不会影响我的行动。

一个人欲望的满足同另一个人欲望的满足同样是善，只要两种欲望的强度相等。我的善可以定义为我的欲望的满足，我的善只是"人人的善（General good，或整体的善）"的一部分。正当的行为是追求人人的善而不只是追求一己的善的行为。但是，除非我欲望去做正当的事情，否则我就不会这样去做。于是问题变成了怎样影响我的欲望？这可以通过法律、公众舆论、幸运的遗

[①] Bertrand Russell, Human Society in Ethics and Politics, Allen & Unwin, 1954, pp.55-60, 83-85.

传和明智的教育（使我具有仁慈的本性）去达到。

人们对什么是正当行为和什么是不正当行为之所以抱有不同的意见，常常是因为对行为所产生的效果抱有不同的信念，而对何种效果比较可取则意见分歧较少。因此，最好是用善去给正当下定义，凡是善的行为都是正当的行为，而不是相反。

反对将善定义为欲望的满足的人认为，有些欲望是恶的，其满足就更加是恶，最明显的例子是残酷。例如甲欲望乙受苦，他的欲望得到了满足，这能算是善吗？这当然不是善，我们的定义也不意味着这是善，因为乙的欲望（不愿受苦）没有得到满足，一般对乙不怀恶意的人的欲望（不愿看到乙受苦）也没有得到满足，甲的满足是使乙和一般人得不到满足的根源。

但当欲望被看作是手段时，情况就完全不同。有些欲望是可以彼此相容的，有些欲望是彼此不能相容的，用莱布尼兹（德国哲学家，1614—1715）的话来说，当若干欲望能由同一事物予以满足时，它们就是可以并存的（Compossible）；当其不能时，它们就是互不相容的（Incompatible）。两国作战，两国公民都欲望本国胜利，他们的欲望是不能并存的，但就一国的公民来说，他们的欲望是可以相容的。因此，作为手段，欲望可以分为善的、恶的和不善不恶的。

人人的善等于欲望满足的总和，不管由谁享受。一个人的善是一个人欲望的满足，一部分人的善是一部分人欲望的满足，这些都是部分的善（Partial good）。显然，各种部分的善可能彼此冲突。例如两个人竞选总统，有一个人的欲望不能满足，投他的票的那一部分公民的欲望也不能满足。这就表明，个人或集团的欲望可能彼此冲突，而任何一方都没有过错。欲望冲突是人类生活中基本的和不可避免的事实。法律和道德的目的之一，就是缓解这种冲突，但是不能将其彻底消除。

总之,将善定义为欲望的满足,是指人人欲望的满足,而不只是一个人自己欲望的满足。个人欲望的满足,不应与他人或集体欲望(需要)的满足相矛盾。①

(2) 善是内在价值

如果某种东西本身就有价值,而不问其效果如何,那就可以称之为善,换言之,善就是内在价值(Intrinsic value)。与之相反的,是内在反价值(Intrinsic disvalue)。如快乐有内在价值,痛苦有内在反价值。一种行为如果能产生最大的内在价值,它就是正当的和应当的行为。有最大的内在价值的行为,是它所产生的内在价值超过内在反价值的余额为最大的行为,或它所产生的内在反价值超过内在价值的余额为最小的行为。如果两者相加等于零,则内在价值等于内在反价值。

当我们考察具有内在价值的东西时,发现全都是可以想要的或可以享受的东西。很难相信,在一个没有感知的宇宙中,任何东西会具有价值。这就表明,内在价值可以用欲望或用快乐或兼用二者去下定义。

不能说人们所想要的每一种东西都具有内在价值,因为各人的欲望可能彼此冲突,例如在战争中双方都欲望自己一方胜利。为避免此种困难,可以说只有心理状态(State of mind)才具有内在价值。如甲乙两人竞争某种只有一个人才能拥有的东西(如两人都想和某一个女子结婚),那么胜利者的快乐具有内在价值。因此,内在价值可以定义为,经历它的人所想要的一种心理状态。内在价值不属于某种外部事物本身,它只是外部事物所产生的心理影响,造成这种心理影响的东西本身并不具有内在价值。

内在价值的泉源可分三种:第一种是能够私人拥有、并且(至

---

① Bertrand Russell, Human Society in Ethics and Politics, pp.110-118, 130-137.

少在理论上）可以向每一个人充分供应的东西，最普通的例子是食物。第二种是可以私人拥有但（至少按其逻辑性来说）却不能人人拥有的东西。这就是由于才能卓越或成就杰出所得到的东西，如名望、权利、财富等。在理论上人人都可以成为富人，但不可能全都是活在世上的最富的人。因此，追求卓越或杰出成就的欲望在逻辑上不可避免地具有竞争性。第三，有一种内在价值，其拥有丝毫不减少其他人同等拥有的可能性，如健康、友谊、爱情、求知和创造所得到的快乐等。

在讨论善是欲望的满足时，罗素着重善的总量的"生产"，不管由谁来享受。在讨论善是内在价值时，罗素着重善的"分配"。

在第一类泉源中，罗素认为，物质财富的公平分配，如果将公平看作是手段而不是目的，就具有重要的意义。即使内在价值相等，一个将其公平分配的社会也比分配不平均的社会好，因为分配不平等在不幸的人中造成嫉妒和仇恨，在幸运的人中造成恐惧和仇恨。作为手段，公平在一定范围内是极为可取的，很大一部分传统的道德教条涉及抑制自然的利己主义，如禁止偷盗、命令爱邻如己、教导自我牺牲、赞扬仁慈，等等。但是罗素赞成边沁（英国哲学家，1748—1832）的意见，认为想望的结果不能由道德教条而只能由公众舆论和社会制度去达到；当公众利益和私人利益的冲突依然尖锐和明显时，单纯道德教条并不能带来好的结果。

在第二类泉源中，罗素认为在权力方面，主张公平分配的理由更大。几乎每一个不是特别懒惰的人都有使自己的权力比应有的一份更大的欲望，如果不是在广大的世界中，就是在自己身旁的环境里。有权的人几乎总是要滥用它，虽有例外，但为数极少。在过去几个世纪，独裁的权力衰亡很快，国王、奴隶主相继让位；作出了认真的尝试，去使最后权力（主权）的分配尽量公平，这就是主权在民的思想和民主政治。

除了效力低微的道德教条和并不尽如人意的社会制度以外,还有其他减少由于权力滥用而造成罪恶的方式,其中之一就是进行教育,将权力欲导向有益的而不是有害的渠道,如求知和创造。

权力爱好,像其他根深蒂固的冲动一样,如果将其完全压制,就会使受到挫折的人遭受损失,有时社会亦蒙其害。对于权力,最好的道德教条不是将其完全抑制,而是鼓励并提供不具破坏性的出路。

罗素认为,第三类泉源本应没有分配问题,但事实上却相反。这类东西范围很广,从一个小孩活着的欢乐,到求知、创造或天才作品欣赏所带来的最微妙的愉悦。由于有缺陷的(但可以补救的)社会制度,有时不得不进行干预。例如,健康本应是可以普遍享有的,但在工作过度或医疗费用昂贵的地方,它就变成了富人的特权。所有依存于受过教育或享有大量闲暇的事情,亦复如此。这样就产生了并非必要的竞争,其补救在于政治而不在于伦理。

(3) 善是人们所赞成的行为的效果

罗素提出了一系列的命题和定义,认为如果它们被接受,那就有了一组彼此连贯的命题,其真伪具有与科学中的命题完全相同的性质,可以称之为伦理知识:

①考察引起赞成或不赞成情绪的各种行为时,我们发现,一般说来,得到赞成的行为被相信可能具有某种效果,而不受赞成的行为则被预期会有某种相反的效果。

②导致赞成的效果定义为善,导致不赞成的效果定义为恶。

③根据已有的证据,一种行为的效果比在相同情况下可能做出的任何其他行为的效果善,这种行为被界定为正当的,

而其他行为则被定义为不正当的。根据定义，我们应当从事正当的行为。

④赞成正当的行为，不赞成不正当的行为，这种情感是正当的。①

（4）罗素善恶观评价

①罗素以善作为伦理学的基本概念，凡效果为善的行为就是正当的行为，正当的行为就是应当肯定的行为，避免了有关正当与不正当、应当与不应当的意见分歧，澄清了思想上的混乱。

②罗素认为善是欲望的满足或内在价值。欲望的满足指人人欲望的满足，而不只是一己欲望的满足。内在价值是一种心理状态，它的来源都是想要的东西，实质上内在价值只是欲望满足的另一种说法。这样赋予善以具体的内容，比只将善解释为好是一种进步。

③将善解释为人人欲望的满足，与我们所理解的人性就是需要、就是欲望是互相衔接的。人对于自己欲望的满足自然感到快乐，故称之为善。

④罗素认为，作为手段，欲望可以区分为善的和恶的，前者是可以并存或彼此相容的欲望，后者为彼此冲突、互不相容的欲望。这就为我们进一步讨论人性善恶提供了理论依据。

⑤罗素提出了善或内在价值的生产与分配问题。就生产来说，总体的善或内在价值是越多越好；就分配来说，应当求其公平。这对我们讨论人性与社会制度的关系很有启发。

⑥罗素认为有些欲望，例如权力欲，虽然难以满足，效果不好，却不宜过于抑制，应当为它另外提供出路，是很有见地的。

---

① Bertrand Russell, Human Society in Ethics and Politics, pp.115-116.

（二）善恶的判断标准

善就是人人（即社会上每一个人）的基本需要，即生存、发展、求知、创造这四种欲望的满足。凡有利于这种满足的行为就是善的行为，不利于这种满足的行为就是恶的行为，这是一个总的判断原则。

个人的满足称为个人的利益，他人和集体的满足称为他人和集体的利益。牺牲自己的利益，谋求他人和集体利益的，是善的；牺牲他人和集体的利益，以谋求自己利益的，是恶的。分开来讲，可以列出八条作为判断行为善恶的具体标准：

①为谋求他人或集体的利益而牺牲个人利益的行为是善的行为。

大到为革命捐躯，为保卫祖国献身，"杀身成仁"，"舍身取义"；小到捐资兴学，捐款救灾，以及其他种种慈善行为，都是例子。

②为谋求他人或集体利益而丝毫不考虑个人利益的行为，是善的行为。

从《孟子》所举"今人乍见孺子将入于井"的例子，今人抢救落水儿童，到全心全意为人民服务即张思德、白求恩式的人物，都是例子。范仲淹所说的"先天下之忧而忧，后天下之乐而乐"（《岳阳楼记》）的那种"不以物喜、不以己悲"的人物亦属之。

③从个人的利益出发以谋求他人利益的行为，是善的行为。

这就是推己及人，将心比心，例如"老吾老以及人之老，幼吾幼以及人之幼"，"己欲立而立人，己欲达而达人"，"己所不欲，勿施于人"。

④为了个人的利益、但同时也会促进他人或集体利益的行为，亦不失为善的行为。

例如从事正当职业谋生，人人为我、我为人人；或者从事求知和创造。

⑤为了个人的利益而并不妨碍或损害他人或集体利益的行为，虽不一定是善的行为，至少亦不能算是恶的行为。

例如锻炼身体、组织家庭、追求幸福、保持秘密等。

⑥为谋求个人利益而损害他人或集体利益的行为，是恶的行为。

如杀人、放火、抢劫、偷盗、强奸、欺蒙拐骗、叛国、危害国家安全、贪污受贿、假公济私、毁谤他人，等等。

⑦为谋求个人利益、妨碍他人或集体利益的行为，是恶的行为。

如不遵守公共秩序、交通规则、公共道德等。

⑧为谋求个人利益，丝毫不考虑他人或集体利益的行为，是恶的行为。

例如各种各样的自私行为。

二、人性是善，还是恶？

就人性概念的内涵来说，生存、发展、求知、创造都是无善无恶的，也可以说是至善的。就人性概念的外延来说，还有其他欲望、冲动、情感都是行为的动机，可以作为满足基本需要的手段。其中特别值得注意的有两类：一类有健康的倾向，即能满足人的基本需要和欲望，可以称为善的欲望和情感；另一类有不健康的倾向，即无利于基本需要和欲望的满足，可以称为恶的欲望和情感。

在人的善的欲望、冲动和情感中，最显著的有孟子所说的恻隐之心、羞恶之心、辞让之心和是非之心，发展而成为仁义礼智四种道德。这些都是人性的表现，可以说人性是善的。

在人的恶的欲望、冲动和情感中[①]，最显著的有罗素所说的贪欲、竞争、虚荣心、权力欲……这些都是永远无法满足的，是越满足就越膨胀的。此外还有妒忌、恶意、仇恨等。这些也都是人性的表现，可以说人性又是恶的。

由此看来，人性既有善的一面，也有恶的一面。从其善者为善人，从其恶者为恶人。前者占大多数，后者属于极少数。同时，一个人可以由善人变为恶人，也可以由恶人变为善人。后者如放下屠刀、立地成佛，浪子回头金不换；前者如社会上有些人一生尽瘁国事，乃至位高权重，却因为不能控制贪欲，也因为社会制度尚未臻于完善，以至滥用职权，贪污受贿，触犯刑律，坠入法网，最终身败名裂。优良的政治制度和经济制度，应能防患于未然，当其人发端于毫末之际，逐步走向深渊时，应能及时发觉、中途予以制止，使社会上少一些一失足成千古恨的遗憾。

人无完人。孟子说人性善，荀子说人性恶，他们并不是没有看到人性的另一面，而是为了政治上的需要（孟子提倡仁政，荀子提倡礼治），只强调各自想要强调的那一面。

我们揭示出人性的全貌，不但更符合客观实际，而且具有重大的现实意义。第一，便于进行道德教育和加强个人修养；第二，便于制订合宜的政治制度和经济制度。因为不论是社会制度还是伦理道德，均应以发扬人性的健康趋向和抑制或转移人性的不健康趋向为主旨。脱离了人性，是行不通的。

[①] 儒家认为性善是先天的，人之所以会有恶行，是受后天环境影响所致。如王应麟《三字经》中所说的"人之初，性本善；性相近，习相远"，所谓的"习"就是外部环境的影响，书中还以孟母三迁来作为例证。然而，毛泽东在《矛盾论》中说，外因是条件，内因是根据，外因通过内因而起作用。那么，人性恶的内因究竟是什么呢？管子在《心术》中说人生有恶死、好利之心，韩愈在《原毁》中则将其归于妒忌之心，其他还有很多说法，只有罗素所说的最为全面和透彻，可以作为人性恶的内因和根据。

这种人性的善恶组合论并不是什么新发现，在我国是古已有之，在人类生活及文学作品中亦均有所反映。

东汉王充著《论衡》一书，以善于怀疑著称。他在《本性篇》中阐明了人性有善有恶的命题：

> 情性者，人治之本，礼乐所由生也。故原情性之极，礼为之防，乐为之节。性有卑谦辞让，故制礼以适其宜；情有好恶喜怒哀乐，故作乐以通其敬。礼所以制、乐所为作者，情与性也。昔儒旧生，著作篇章，莫不论说，莫能实定。周人世硕以为人性有善有恶。举人之善性，养而致之则善长；性恶，养而致之则恶长。如此，则[情]性各有阴阳善恶，在所养焉，故世子作《养书》一篇，密子贱、漆雕开、公孙尼子之徒，亦论情性，与世子相出入，皆言性有善有恶。[按：王充所举的这些著作，均已亡佚]

王充接着分析了孟子、告子、荀子、陆贾、董仲舒、扬雄、刘子政的学说，认为"自孟子以下，至刘子政，鸿儒博生，闻见多矣，然而论情性竟无定是"，均"未必得实"。"实者，人性有善有恶，犹人才有高有下也"。他在文章末尾说："余固以孟轲言人性善者，中人以上者也；孙（荀）卿言人性恶者，中人以下者也；扬雄言人性善恶混者，中人也。若反经合道，则可以为教；尽性之理，则未也。"

人性兼有善恶在人类实际生活中的反映，可用弗兰克尔在纳粹集中营中的体验作代表。维克托·E.弗兰克尔是奥地利神经病学和精神病学教授、维也纳第三心理学派创始人。他在第二次世界大战中被囚禁在纳粹集中营整整三年，是少数幸存者之一，他的《人生的真谛》一书记录了他的亲身经历，在美国销行200万册。他在书中总结说："又一次发现，人的品质只是善与恶的混合。"他从近卫军指挥官的身上发现了人性中善的一面，从本人也是囚犯的看守长的身上发现了人性有恶的一面。

我必须说明即使是看守,对囚犯深怀恻隐之心的也不无人在。这里,我只想举我所在的最后一所集中营的指挥官为例。我们在获释后才知道——以前只有营医一人知道,营医本人也是囚犯——这个指挥官曾自己掏腰包,用不少钱到附近的集市上为囚犯购买药品。可是,集中营的看守长本身也是囚犯,却比任何党卫军看守都狠毒。一有机会,他就毒打囚犯,而就我所知,指挥官却从未对任何囚犯动过一个指头。

由此可见,我们不能单凭一个人是看守还是囚犯就得出什么结论。在各类人中,即使在往往遭到谴责的一类人中也可发现人类的善良。各类人都有相同之处,因此不能把人们简单地划分为天使魔鬼。在集中营非人环境的影响下,某些看守或监工对囚犯仍不失善良之心,当然是非常难能可贵的。而另一方面,囚犯虐待自己伙伴的卑鄙行为分外可耻,显然,这种人的无人性尤为囚犯所不齿。而看守的一丝善意都令囚犯深受感动。我至今仍记得一位监工悄悄给我一块面包,而这块面包肯定是他从自己的早餐中节省下来的。当时,我被感动得热泪盈眶,感动我的不是这一小块面包,而是那位监工还使我感受到的"某种"人性——给面包时的一句话和一种目光。

这一切告诉我们,在这个世界上有两种人也只有这两种人——一"种"高尚的人和一"种"卑劣的人。这两种人到处都有,渗透到每个社会阶层。没有一个阶层完全是高尚的人或完全是卑劣的人,从这个意义上说,没有一个阶层是"纯种人"——因而在集中营看守当中偶尔也可找到高尚的人。

集中营的生活揭开了人们的灵魂，暴露出它的深层。在灵魂深处，我们又一次发现人的品质在本质上只是善与恶的混合，这难道不令人惊奇吗？一道分水岭把人们分为善与恶两个阵营，并一直延伸到灵魂最深处，即使在集中营里，这种分界也是很明显的。[①]

　　人性有善有恶，在文学作品中亦有反映，著名的例子有意大利作家卡罗雅诺的《一个分成两半的子爵》。这部小说以奥地利和意大利的一次战争为背景，贵族出身的梅达尔多子爵（被授予中尉军衔），在一次战争中，被敌人的一颗炮弹击中胸膛，结果被分成两半，每一半仅有半个额，一只眼睛，一只耳朵，半个脸颊，半个鼻子，半张嘴巴，一条胳膊，还有一条大腿，但仍然活着。右的一半被军医所救活，回到城堡，尽干坏事，给城堡不断地带来不幸，不仅树上的果子、地上的蘑菇都被他掰成两半，而且在夜间，他还纵火烧毁了农民的牲口、农具、茅屋，甚至人也被烧死，人们都在背地里骂他是"邪恶的子爵"，原来梅达尔多身上的全部邪恶都集中在这一半了。而梅达尔多的左面的半身被抛弃在战场上之后，被两个隐士发现，经用油膏和香料治疗也救活了。他从自己的痛苦中体验到人世间的痛苦，并从痛苦中升华为一种博爱的精神，决心在医治别人的创伤中医治自己的创伤。因此，他回家乡后从早到晚地看望老人、穷人，不断地做好事。这半身集中了梅达尔多善良的部分，成了"善良的子爵"。邪恶的子爵非常仇恨这个善良的子爵，并且因为都爱上了乡村姑娘帕梅拉，便展开了一场决斗，而在决斗中两人又相互劈开原来的伤口，并扭成一团，粘在一起，后来经过医生的精心治疗，又变成一个健康、完整的人。这个人虽然还是原来子爵的样子，但是，他已好坏相

[①] 维克托·E.弗兰克尔《人生的真谛》，桑建平译，中国对外翻译出版公司，1994年，第66—67页。

兼，同时具有善良者的品格和邪恶者的品格。

三、孟子性善说平议

"孟子道性善，言必称尧舜。"（《孟子·滕文公上》）徐复观认为，"孟子在中国文化中最大的贡献，是性善说的提出。"（《中国人性论史·先秦篇》，第161页）的确，孟子对人性善的一面的确立是有功绩的。

（一）孟子的性善说

孟子提出的人性善的根据，就是"四心"——恻隐之心、羞恶之心、辞让或恭敬之心和是非之心，亦即仁、义、礼、智。四者是善的，所以人性是善的。

仁就是仁爱，是不忍人之心或同情心，唐韩愈说"博爱之谓仁"（《原道》）。孟子举的最著名的例子，就是"今人乍见孺子将入于井"（见本书第四章）。

达尔文在比较人类和低于人类的动物的心理能力时，发现动物也有爱心，他说：

> 按照布雷姆的说法，猴类当其主人受到任何侵犯时都会保护他，就像主人所养的狗，当他受别的狗侵犯时，对他进行保护一样。
>
> 狗对主人的爱是众所周知。一位往昔的作者富有风趣地说道："在这个世界上，狗是爱你甚于爱它自己的唯一动物。"
>
> 休厄尔有理由地问道：一切民族的妇女的母爱同一切雌性动物的母爱如此经常地联系在一起，以致读过这等动人事例的人，能够怀疑在这两种场合中的行为原则不是一样的

吗?①

义就是正义、道义,是仁爱之心见诸行动者。韩愈称"行而宜之之谓义"(《原道》)。义之所在,富贵生死均可置之度外。义的发端,在于人的羞恶之心。孟子所举的例子,就是鱼与熊掌的选择:

> 孟子曰:鱼,我所欲也;熊掌,亦我所欲也。二者不可得兼,舍鱼而取熊掌者也。生,亦我所欲也;义,亦我所欲也,二者不可得兼,舍生而取义者也。生亦我所欲,所欲有甚于生者,故不为苟得也。死亦我所恶,所恶有甚于死者,故患有所不辟也。如使人之所欲莫甚于生,则凡可以得生者,何不用也?使人之所恶莫甚于死者,则凡可以辟患者,何不为也?由是则生而有不用也,由是则可以辟患而有不为也。是故所欲有甚于生者,所恶有甚于死者。非独贤者有是心也,人皆有之,贤者能勿丧耳。一箪食(一竹篮的饭),一豆羹(一木碗的汤),得之则生,弗得则死,嘑尔而与之(用呼唤的样子然后给他),行道之人弗受(路上的行人也不愿接受);蹴尔而与之(用脚踢的样子然后给他),乞人不屑也(乞丐也不愿接受)。万钟(俸禄)则不辨礼义而受之,万钟于我何加焉?为宫室之美、妻妾之奉、所识穷乏者得我与?乡为身死而不受,今为宫室之美为之;乡为身死而不受,今为妻妾之奉为之;乡为身死而不受,今为所识穷乏者得我而为之,是亦不可以已乎?此之谓失其本心。(《孟子·告子上》)

达尔文发现,动物也有羞恶之心:

> 我以为当狗过于频繁地乞求食物时,无疑它会感到羞耻,

---

① 达尔文《人类的由来及性选择》,叶笃庄、杨习之译,科学出版社,1982年,第84、85页。

这同恐惧有别，而接近于谦逊。①

礼就是仁义之见诸日常行为者，出于辞让或恭敬之心。《孟子》中有一个例子，就是如何对待"横逆"（蛮横不讲道理的举动）的态度，可以说明礼的应用：

> 孟子曰：君子所以异于人者，以其存心也。君子以仁存心，以礼存心。仁者爱人，有礼者敬人。爱人者，人恒爱之。敬人者，人恒敬之。有人于此，其待我以横逆，则君子必自反也，我必不仁也，必无礼也，此物奚宜至哉？其自反而仁矣，自反而有礼矣，其横逆由是也。君子必自反也，我必不忠。自反而忠矣，其横逆由是也，君子曰，此亦妄人（狂妄的人）也已矣。如此则与禽兽奚择（有何不同）哉？于禽兽又何难焉（何必计较）。是故君子有终身之忧，无一朝之患也。乃若所忧则有之：舜，人也；我，亦人也。舜为法于天下，可传于后世，我由未免为乡人（普普通通的人）也，是则可忧也。忧之如何？如舜而已矣。若夫君子所患则亡（无）矣。非仁无为也，非礼无行也。如有一朝之患，则君子不患矣。（《孟子·离娄下》）

智就是明智，出于是非之心，能够明辨善恶。明智是很不容易做到的，孔子曾说："人皆曰予知（人人都说自己明智），驱而纳诸罟（gǔ，捕兽的网）擭（hù，装有机关的捕兽笼子）陷阱之中，而莫之知避也（不知躲避）。人皆曰予智，择乎中庸，而不能期月（一整月）守也。"（《中庸》，第七章）

一个人要变得明智，往往要经过一番艰苦的磨难。《孟子》中有一个著名的"天将降大任于是人"的例子：

> 孟子曰：舜发于畎亩（种田）之中，傅说（悦）举于版

---

① 达尔文《人类的由来及性选择》，第85页。

筑（泥水匠）之间，胶鬲举于鱼盐（贩卖）之中，管夷吾举于士（狱吏），孙叔敖举于海（捕鱼），百里奚举于市（做生意）。故天将降大任于是人也，必先苦其心志，劳其筋骨，饿其体肤，空乏其身，行拂乱其所为，所以动心忍性，曾（增）益其所不能。人恒过，然后能改。困于心、衡（横）于虑，而后作。征于色，发于声，而后喻。入（国内）则无法家拂士，出（国外）则无敌国外患者，国恒亡。然后知生于忧患，而死于安乐也。（《孟子·告子下》）

忧患意识使一个人变得明智起来，所以孟子又说：

人之有德慧术知（德行、智慧）者，恒存乎疢（chèn）疾（均从忧患中得来）。独孤臣（独立不党之臣）孽子（无母庶出之子），其操心也危（不安），其虑患也深，故达（通达事理）。（《孟子·尽心上》）。

现代美国人本心理学与孟子的性善说酷似，它对人性持乐观看法，认为人类本性是善的，而且人类本性中蕴藏着无尽的潜力，所以主张改善环境，以利于人性的充分发展，以期臻于自我实现。[①]

（二）孟子并非不知人性有恶的一面

孟子主张人性善，难道他不知道人性有恶的一面吗？从《孟子》中的两个例子可以证明他是知道的。

（1）一个没有恻隐之心的例子

舜的弟弟和父母，处心积虑，必欲置舜于死地而后快。孟子和他的学生万章的一段对话，对此描绘得淋漓尽致：

万章曰：父母使舜完廪（修补"仓库"）。捐阶（撤去了梯子）。瞽瞍（舜的父亲）焚廪（在底下放火）。使浚井（使

[①] 人本心理学（Humanistic psyehology）由美国马斯洛和罗嘉斯在20世纪50年代首创，主张心理学应研究真正属于人性的各种层面的问题。

舜去淘井底的泥），出（见舜跑了下去），从而掩之（从上面把泥丢下去）。象（舜的异母弟）曰："谟盖都君（当时天下归顺舜的人已不少，称之为都君；谟盖是谋算害死他），咸我绩（都是我的功劳）。牛羊父母（牛羊归父母），仓廪父母（粮食归父母）。干戈朕（军器归我），琴朕（琴归我），弤朕（雕花的弓也归我），二嫂使治朕栖（叫两个嫂子给我整理床铺）。"象往入舜宫，舜在床弹琴。象曰："郁陶，思君尔（心里闷，想你）。"忸怩（态度局促不安）。舜曰："惟兹臣庶（这些百官和老百姓），汝其于予治（你可帮我管理）。"不识舜不知象之将杀己欤？

[孟子]曰：奚而不知也（哪里不知道呢）？象忧亦忧，象喜亦喜。《孟子·万章上》

（2）一个没有羞恶之心的例子

这就是"齐人有一妻一妾而处室"的故事，末了说，一般人求富贵利达者，他们的行径也和这个齐人差不多，他们的妻子是会为之感到羞愧的。

齐人有一妻一妾而处室者（一个齐国人带着一妻一妾同住）。其良人（这个丈夫）出，则必餍酒肉而后反（一定要吃饱肉喝醉酒才回来）。其妻问所与饮食者（问他和什么人吃喝），则尽富贵也（他回答的都是富贵之人）。其妻告其妾曰："良人出，则必餍酒肉而后反。问其与饮食者，尽富贵也，而未尝有显者来（不曾见有大人物来过）。吾将瞷良人之所之也（偷看他到什么地方去）。"蚤（早）起，施从（隐随）良人之所之。遍国中无与立谈者（走遍全市没有和他谈话的人）。卒之东郭墦间之祭者（末了走到东郭坟地上祭坟的人那里），乞其余，不足（讨吃了不够），又顾而之他（又走到一个人那里）。此其为餍足之道也（这就是吃饱喝足的办法）。其妻归，告其妾曰:"良人者,所仰望而终身也。今若此!"与其妾讪(恨骂)其良人,而相泣于中庭。而良人未之知也,施施(得意洋洋)从外来,骄其妻妾。

由君子观之,则人之所以求富贵利达者,其妻妾不羞也,而不相泣者,几希矣。(《孟子·离娄下》)

(三)孟子为什么要特别强调性善

那么,孟子为什么要特别强调人性的善的一面呢?这要从孟子所处的时代以及孟子和他的先行者孔子的政治抱负去看。

平王东迁(前770),东周肇始,至前256年灭亡,共经历了25个王,514年。东周迁后的第49年(前722)起,史家称为春秋时期,前403年至前221年称为战国时期。东周初年和春秋战国时期,是中国历史上一个大动荡的时期。

周的东迁是政治上的重大变局。此后变化越来越大。诸侯各国互相兼并,战争频仍。春秋时期,有的大国兼并了三十多个小国,有的甚至兼并了四五十个。相传西周时期有一千八百国,到春秋时期只剩下一百多个,在政治上起作用的只有十几个。到战国时期,就只有七个大国和十几个小国。最后是秦的统一和汉的兴起。

在此时期,由于社会长期动荡,西周以来贵族垄断学术文化的局面逐渐被打破。孔子在春秋晚期开始从事私人讲学,到战国时期,学派增多。孔子论性,曰"性相近",对奴隶社会将身份等级说成是先天性的东西提出异议。孟子后孔子百余年,处周衰之末,战国纵横,用兵争强,以相争夺,人民处于水深火热之中,渴望和平,渴望统一。孟子一生经历也像孔子一样,长期从事私人讲学,带领学生周游列国,反对暴政,关心社会矛盾。他继承孔子仁的思想而加以发挥,提出施行仁政的主张。仁政的理论根据就是性善论。他认为人生下来就有仁义礼智的善良本性,有的人将其保持下来，有的人将其丢掉了。然而，每一个国君都是能行仁政的，每一个百姓都是拥护仁政的。施行仁政，就可以达到和平统一的目的。

（四）孔孟的功绩

孔子、孟子的主张在当时被人认为迂阔，并未得到实行。但从汉代起受到政府提倡以后，却对中国的政治、社会和思想产生了重大而深远的影响。他们的精神产品散见在四书（《大学》、《中庸》、《论语》、《孟子》）和五经（《诗经》、《书经》、《易经》、《礼记》、《春秋》）中。这些经典著作在历代不仅是一般士人必读的教材，也是皇帝和大小官吏必读的书。

这些经典著作的影响可以从两方面去看：

第一，它们凝结了人民对于和平的渴望，把统一的理想永久地传给了以后二千年中所有的朝代。

剑桥中国史的作者对此作了客观的评述：

> 具有重大意义的是，汉代及以后各代用以向统治者及臣民们所灌输的孔子的经典著作，都是在公元前221年统一前的那个时代的产物。因而，其中珍藏着对于和平的渴望，这是当时连绵不绝的战争所造成的在孔子和其他哲人的思想中占统治地位的向往。通过表达乱世之中对于秩序的强烈向往，经典把统一的理想永久地传给了后来所有的朝代。简言之，由于在公元前221年前非常缺乏统一，统一便成为这以后的中国政治所追求的至善。无疑，世界上绝大部分政权有关天命的神话维护了支持他们最初夺取权力的理论基础。在中国，公元前221年前的数世纪的混乱则成了以后2000年间统一秩序的理想的有力证据。①

---

① 费正清、麦克法夸尔主编《剑桥中华人民共和国史（1949—1965）》，谢亮生等译，上海人民出版社，1987年，第20—21页。

第二，它们陶铸了中国社会稳定结构中的重要成分，如伦理价值、家族制度、社会标准，等等。这种稳定结构到1949年中华人民共和国建立以前，依旧原封未动。剑桥中国史的作者评论说：

> 当然，人们不能否认西方的思想和范例具有不断增长的影响力，然而，略加思考便会明白，自1840年以来中国所发生的革命变化，对于一个包容语言、伦理价值、家族制度、社会标准、手工业技术、农商经济和帝国政体等方面的稳定结构来说不可避免地是肤浅的、表面的，这一稳定结构是在长达3000年之久的中国历史的无数次盛衰荣枯的变迁中形成的，在这一有文字记载的历史中，中国大部分时期处于自我封闭状态。行为科学告诉我们：中国国家和社会的现实状况是一种基本上单独进行的进化和演变的最终结果，它与希腊—罗马、犹太教—基督教式的西方的演进相去甚远。①

这种单独进行的进化和演变的结果，产生了剑桥中国史作者所称的"一个决不能忽视的奇特现象"，那就是1∶50的悬殊：

> 但是，有一个奇特的现象被忽视了，欧洲人和南、北美洲人统统加在一起，在数量上也不见得比中国人多，也很难说他们是否包含了更多的民族。在人数上甚至在所含有的民族的数量上，欧洲人[美洲人]和中国人是相当的，他们在数量上处于同一等级。然而，在他们今天的政治生活中，10亿左右的欧洲人和美洲人分别生活在50多个独立的主权国家中，而10亿多中国人则是生活在1个国家中。当我们看待中国人和西方人时，这1与50之间的悬殊是决不能忽视

---

① 费正清、麦克法夸尔主编《剑桥中华人民共和国史（1949—1965）》，谢亮生等译，上海人民出版社，1987年，第13—14页。

的。①

在中国国家和社会的演进中,孟子的性善论和仁政论无疑产生了重大的影响,它可能至今还是维系海内外中华儿女的道德和思想的纽带。这种将伦理和政治统一起来的观点,是儒家思想的精髓。到了20世纪,英国罗素也将伦理学和政治学联系起来(见《伦理学和政治学中的人类社会》)。其连结的纽带实质上也是人性,不过孟子强调人性的善的一面,而罗素则更为强调人性的恶的一面。他们的共同愿望,都是要通过未来争取和平,避免战争,促进团结和合作,以满足人类求生存求发展的共同需要。

四、荀子性恶论平议

荀子因为主张性恶,几千年中被排斥在儒家之外,到清朝才得到平反。清王先谦说,"刻覈(同核,苛刻)之徒,诋諆(毁谤)横生,摈之不得与于斯道(儒家)";到了清朝,"儒学昌明,钦定《四库全书提要》,首列荀子儒家,斥好恶之诃,通训诂之谊,定论昭然,学者始知崇尚"。(《荀子集解》序)

荀子在中国文化中的重大贡献,正在于他明确提出了性恶说。

(一)荀子的性恶论

《荀子》一书共32篇,其第23篇为《性恶篇》,集中体现了荀子的性恶主张。细读全篇,可以厘定为主张性恶者四条,反对性善者四条。徐复观认为,"荀子对性恶所举出的论证,没有一个是能完全站得住脚的"(《中国人性论史·先秦篇》,第238页)。我个人认为,荀子主张性恶的四点理由,是可以站得住脚的,因为根据我们在上面的论述,人的欲望作为手段是可以分为善恶的;

---

① 费正清、麦克法夸尔主编《剑桥中华人民共和国史(1949—1965)》,谢亮生等译,上海人民出版社,第14页。着重号是原有的。

而荀子关于反对性善的四点理由则很牵强，这是因为他不肯承认人的感情或欲望可以是善的，即人性有善的一面。他在《性恶篇》中根本没有提到孟子所说的"四心"。

荀子主张性恶的四点理由是：

（1）人性生而有好利、生而有疾（嫉）恶，生而有耳目之欲，顺之则必出于争夺，造成社会动乱，可见人性是恶的。他说：

> 人之性恶，其善者伪也，今人之性，生而有好利焉，顺是，故争夺生而辞让亡焉。生而有疾恶焉，顺是，故残贼生而忠信亡焉。生而有耳目之欲，有好声色焉，顺是，故淫乱生而礼义文理亡焉。然则从人之性，顺人之情，必出于争夺，合于犯分乱理，而归于暴。故必将有师法之化，礼义之道，然后出于辞让，合于文理，而归于治。用此观之，然则人之性恶明矣，其善者伪也。（《荀子·性恶篇》）

人性好利就是罗素所说的贪欲，这种欲望是永远不能满足的，而且是越满足越膨胀的，如果任其发展，必定在社会上引起麻烦。罗素的意见和荀子的意见相同。恩格斯说，"卑劣的贪欲是文明时代从它存在的第一日起直至今日的动力"（《家庭·私有制和国家的起源》）；马克思说，"政治经济学所研究的材料的特殊性，把人们心中最激烈、最卑鄙、最恶劣的感情，把代表私人利益的复仇女神召唤到战场上来反对自由的科学研究"（《资本论》第一版序言，1867年），他们都指出了情欲的恶的一面。

至于嫉妒，这差不多是人类的普遍心理，韩愈在《原毁》一文中作了透辟的论述：

> 古之君子，其责己也重（严格）以周（全面），其待人也轻（宽容）以约（简单）。重以周，故不怠；轻以约，故人乐为善……
>
> 今之君子则不然，其责人也详（详细），其待己也廉（少

低)。详,故人难于为善;廉,故自取(自己得到的)也少……
> 虽然为是者有本有原,怠与忌之谓也。怠者不能修,而忌者畏人修。吾尝试之矣。尝试语于众曰:"某良士,某良士。"其应者,必其人之与(党与,朋友)也;不然,则其所疏远不与同其利者也;不然,则其畏(怕他的人)也。不若是,强者必怒于言,懦者必怒于色矣。又尝语于众曰:"某非良士,某非良士。"其不应者,必其人之与也;不然,则其所疏远不与同其利者也;不然,则其畏也。不若是,强者必说(悦)于言,懦者必说(悦)于色矣。是故事修(办得好)而谤兴,德高而毁来。呜呼!士之处此世,而望名誉之光(显著),道德之行(通达),难已!

在战国时代,庞涓对待孙膑、须贾和魏齐对待范雎(张禄)[①],均惨绝人寰,归根结底,亦不外是出于妒忌之心。

荀子所说疾恶的"恶",可以解释为罗素所说的一种对他人幸灾乐祸的心理。罗素认为:

> 在人类历史上和现实世界中可以看到,人们绝大部分的行为动机都是要挫败其他人的动机,权力欲、争胜心、仇恨仍然存在,还有从目睹他人苦难中自己获得的快乐。这种激情十分强烈,不仅支配了各种社会行为,而且导致仇恨那些宣称反对它们的人。当基督宣扬人们应彼此相爱时,暴怒的群众高喊:"把他钉死在十字架上!把他钉死在十字架上!"理智一直未能用来驯服激情,反而是用来为激情提供场所。在20世纪,人类的不幸超过了以往历史上人类苦难的总和。人性中有一种趋向,它强烈地意欲于十分残忍的极具破坏性的激情。为什么人们迄今为止运用他们的智力创造出来的一个

---

① 《东周列国志》,第87—89、97、98回。

世界，却只有少数人能够享受，而绝大多数人过着比野生动物还要悲惨的生活呢？这是一个值得深思的问题。①

由此可见，荀子所说人生而好利、生而有嫉恶是有根据的，以此论定人性有恶的一面，是能站得住脚的。

（2）道德规范（师法、礼义）之所以必要，就是因为人性恶，所以，道德规范的存在，即足以证明人性是恶的。

荀子说：

故枸（gǒu，曲）木必将待檃栝（正曲木之木）烝（蒸之使柔）矫（矫之使直）然后直；钝金必将待砻（磨）厉（同砺）然后利。今人之性恶，必将待师法然后正，得礼义然后治。今人无师法，则偏险而不正；无礼义，则悖乱而不治。古者圣王以人之性恶，以为偏险而不正，悖乱而不治，是以为之起礼义、制法度，以矫饰人之情性而正之，以扰化人之情性而导之也，始皆出于治合于道者也。今人之化师法、积文学、道礼义者为君子，纵性情、安恣睢、而违礼义者为小人。用此观之，然则人之性恶明矣，其善者伪也。（《荀子·性恶篇》）

（3）政府和法律（君上、刑罚）之所以必要，就是因为人性恶，所以政府和法律的存在，即足以证明人性是恶的。

荀子说：

孟子曰："人之性善。"曰，是不然，凡古今天下之所谓善者，正理平治也；所谓恶者，偏险悖乱也，是善恶之分也已。今诚以人之性固正理平治邪？则又恶用圣王，恶用礼义矣哉？虽有圣王礼义，将曷加于正理平治也哉？今不然。人

---

① Bertrand Russell, Human Society in Ethics and Politics, Part II, Ch.1, From Ethics to Politics.

之性恶，故古者圣人以人之性恶，以为偏险而不正，悖乱而不治，故为之立君上之势以临之，明礼义以化之，起法正以治之，重刑罚以禁之，使天下皆出于治、合于善也，是圣王之治而礼义之化也。今当试去君上之势，无礼义之化，去法正之治，无刑罚之禁，倚而观天下民人之相与也；若是，则夫强者害弱而夺之，众者暴寡而哗之，天下之悖乱而相亡，不待顷矣。用此观之，然则人之性恶明矣，其善者伪也。(《荀子·性恶篇》)

（4）在实践上不能取消礼义和刑罚，因此可以证明人性是恶的。

荀子说：

故善言古者，必有节于今；善言天者，必有征于人。凡论者，贵其有辨合，有符验。故坐而言之，起而可设，张而可施行。今孟子曰："人之性善。"无辨合符验，坐而言之，起而不可设，张而不可施行，岂不过甚矣哉？故性善则去圣王息礼义矣，性恶则与圣王贵礼义矣。故檃栝之生，为枸木也；绳墨之起，为不直也；立君上，明礼义，为性恶也。用此观之，然则人之性恶明矣，其善者伪也。直木不待檃栝而直者，其性直也；枸木必将待檃栝烝矫，然后直者，以其性不直也。今人之性恶，必将待圣王之治、礼义之化，然后皆出于治、合于善也。用此观之，然则人之性恶明矣，其善者伪也。(《荀子·性恶篇》)

以上荀子从正反两方面论证人性有恶的一方面，理由是很充足的。世界上确实有恶行和恶人，有待政府和法律予以制裁和防范。一个人身上确实有恶的欲望和恶的趋向，有待伦理道德去予以教化和陶冶。人类社会是一时一刻也离不开道德和法律的。

荀子反对性善说的四点理由是：

（1）人性是天之所生，不学而能，不事而成。官能的能力是不会离开官能的。既然性善，怎么会丧失呢？可见人性本来是恶的。

荀子说：

> 孟子曰："人之学者其性善。"曰，是不然，是不及知人之性，而不察乎人之性伪之分者也。凡性者，天之就也，不可学，不可事。礼义者，圣人之所生也，人之所学而能，所事而成者也。不可学、不可事、而在人者谓之性，可学而能、可事而成之在人者，谓之伪。是性伪之分也。今人之性，目可以见，耳可以听，夫可以见之明不离目，可以听之聪不离耳，目明而耳聪，不可学明矣。孟子曰："今人之性善，将皆失丧其性故也。"曰，若是则过矣。今人之性，生而离其朴、离其资，必失而丧之。用此观之，然则人之性恶明矣。所谓性善者，不离其朴而美之，不离其资而利之也。使夫资朴之于美，心意之于善，若夫可以见之明不离目，可以听之聪不离耳，故曰，目明而耳聪也。今人之性，饥而欲饱，寒而欲煖（暖），劳而欲休，此人之情性也。今人饥见长而不敢先食者，将有所让也；劳而不敢求息者，将有所代也。夫子之让乎父，弟之让乎兄；子之代乎父，弟之代乎兄，此二行者，皆反于性而悖于情也。然而孝子之道，礼义之文理也。故顺情性，则不辞让矣；辞让，则悖于情性矣。用此观之，然则人之性恶明矣，其善者伪也。（《荀子·性恶篇》）

假如荀子知道了孟子提出的"四心"，这个论据就不能成立了。

（2）礼义法度是圣人所作，不是出于人的本性。

荀子说：

> 问者曰："人之性恶，则礼义恶生？"应之曰，凡礼义

者，是生于圣人之伪，非故生于人之性也。故陶人埏（shān，和泥）埴（zhí，黏土）而为器，然则器生于工人之伪，非故生于人之性也……若夫目好色，耳好声，口好味，心好利，骨体肤理好愉佚，是皆生于人之情性者也，感而自然，不待事而后生之者也。夫感而不能然，必且待事而后然者，谓之生于伪。是性伪之所生，其不同之征也。故圣人化性而起伪，伪起而生礼义，礼义生而制法度，然则礼义法度者，是圣人之所生也。故圣人之所以同于众，其不异于众者，性也；所以异而过众者，伪也。夫好利而欲得者，此人之情性也。假之有弟兄资财而分者，且顺情性好利而欲得，若是，则兄弟相拂夺矣。且化礼义之文理，若是，则让乎国人矣。故顺情性，则弟兄争矣；化礼义，则让乎国人矣。凡人之欲为善者，为性恶也。夫薄愿厚，恶愿美，狭愿广，贫愿富，贱愿贵，苟无之中者，必求于外，故富而不愿财，贵而不愿势，苟有之中者，必不及于外。用此观之，人之欲为善者，为性恶也。今人之性固无礼义，故强学而求有之也；性不知礼义，故思虑而求知之也。然则性而已，则人无礼义，不知礼义。人无礼义则乱，不知礼义则悖，然则性而已，则悖乱在己。用此观之，人之性恶明矣，其善者伪也。（《荀子·性恶篇》）

健全的道德规范和社会制度应当能发扬人性的善的趋向、抑制或转移人性的恶的趋向。人是有情感、有思想、有意志的，内因是根据，外因是条件，外因通过内因而起作用。礼义法度的制作，是不能和陶人与工人之从泥木制器相比拟的。

（3）人的本性，尧禹和桀跖相同，然而一则化性起伪，一则从性顺情，因而或受赞扬，或遭谴责，可见并非人性本善。

荀子说：

问者曰："礼义积伪者，是人之性，故圣人能生之也。"

应之曰，是不然。夫陶人埏埴而生瓦，然则瓦埴岂陶人之性也哉？工人斲木而生器，然则器木岂工人之性也哉？夫圣人之于礼义也，辟亦陶埏而生之也。然则礼义积伪者，岂人之本性也哉？凡人之性者，尧舜之与桀跖，其性一也；君子之与小人，其性一也。今将以礼义积伪为人之性邪？然则有曷贵尧禹，曷贵君子矣哉？凡所贵尧禹君子者，能化性、能起伪，伪起而生礼义，然则圣人之于礼义积伪也，亦犹陶埏而生之也。用此观之，然则礼义积伪者，岂人之性也哉？所贱于桀跖小人者，从其性、顺其情、安恣睢以出乎贪利争夺。故人之性恶明矣，其善者伪也。(《荀子·性恶篇》)

如果能看到人性有善的一面也有恶的一面，那么尧禹和桀跖各自从其性、顺其情，以致结果不同，道理也就昭然若揭了。

（4）涂之人皆可以为禹，而在事实上未必能为禹，可见人性并非本善。

荀子说：

涂之人可以为禹。曷谓也？曰，凡禹之所以为禹者，以其为仁义法正也。然则仁义法正，有可知可能之理。然而涂之人也，皆有可以知仁义法正之质，皆有可以能仁义法正之具，然则其可以为禹明矣……今使涂之人伏术为学，专心一志，思索熟察，加日悬久，积善而不息，则通于神明，参于天地矣。故圣人者，人之所积而致矣。曰："圣可积而致，然而皆不可积，何也？"曰，可以而不可使也。故小人可以为君子而不肯为君子，君子可以为小人而不肯为小人。小人君子者，未尝不可以相为也，然而不相为者，可以而不可使也。故涂之人可以为禹则然，涂之人能为禹未必然也。虽不能为禹，无害可以为禹。足可以遍行天下，然而未尝有能遍行天下者也。夫工匠农贾，未尝不可以相为事也，然而未尝能相为事也。用此观之，然则可以为未必能也，虽不能，无害可以为。然则能不能之与可不可，其不同远矣，其不可以相为明矣。尧问于舜曰："人情何如？"舜对曰："人情甚不美，又何问焉？妻子具而孝衰于亲，嗜欲得而信衰于友，爵禄盈而忠衰于君，人之情乎！人之情乎！甚不美，又何问焉？唯贤者为不然。"（《荀子·性恶篇》）

可以为禹，表明人性有善的趋向；不能为禹，表明人性有恶的趋向。如果能看到人性是善恶相混，对于可能性与必然性的矛盾则不难迎刃而解。

荀子性恶的主张，也散见于其书中各处。

罗素认为，在政治上特别重要的欲望，除了衣、食、住等基本需要之外，还有贪欲、竞争、虚荣心、权力欲，这些欲望是永远得不到满足的，是越满足越膨胀的，在政治上起了极坏的作用。此外，还有爱好刺激、恐惧和仇恨，也属于这一类。（《伦理学和政治学中的人类社会》）

在贪欲方面，荀子已提出了好利说。

在竞争方面，荀子提出了追求欲望满足而无度量分界则不能不争的主张：

> 人生而有欲。欲而不得，则不能无求。求而无度量分界，则不能不争。争则乱，乱则穷（计无所出）。先王恶其乱也，故制礼义以分之，以养人之欲，给人之求，使欲必不穷乎物，物必不屈于欲。两者相持而长，是礼之所起也。（《荀子·礼论篇》）

在虚荣心方面，荀子提出了"声名若日月是人情所同欲"的主张：

> 名声若日月，功绩如天地。天下之人，应之如景（影）

响。是又人情之所同欲也,而王者兼而有是者也。故人之情,口好味而臭味莫美焉,耳好声而声乐莫大焉,目好色而文章致繁妇女莫众焉,形体好佚而安重闲静莫愉焉,心好利而谷禄莫厚焉。合天下之所愿兼而有之,睪牢天下而制之,若制子孙。人苟不狂惑戇陋者,其谁能睹是而不乐也哉?(《荀子·王霸篇》)

在权力欲方面,荀子提出了"贵为天子是人情所同欲"的主张:

夫贵为天子,富有天下,名为圣王。兼制人,人莫得而制也。是人情所同欲也,而王者兼而有是者也。重色而衣之,重味而食之,重财物而制之,合天下而君之。饮食甚厚,声乐甚大,台谢(通榭)甚高,园囿甚广,臣使诸侯,一天下,是又人情之所同欲也,而天子之礼制如是者也。制度以陈,政令以挟,官人失要则死,公侯失礼则幽(禁);四方之国,有侈离之德(奢侈离乖,不遵法度)则必灭。(《荀子·王霸篇》)

可见,荀子也认为贪欲、竞争、虚荣心、权力欲都是人之常情,是人性的趋向,这些都可以证明人性的恶的一面。

(二)荀子并非不知人性有善的一面,他为什么要特别强调性恶

荀子并非不知人性有善的一面,他特别强调性恶,是由于他所处的时代和他的政治主张使然。

徐复观认为:"……我们可以看出荀子性恶的主张,并非出于严格的论证,而是来自他重礼、重师、重法、重君上之治的要求。而他的这种要求……有其时代的背景。"[1]

---

[1] 《中国人性论史·先秦编》,第238页。

荀子虽然主张性恶，其目的却在提醒人们为善。他并不是不知人性有善的一面，例如他认为有生命之物莫不有知，有知之属必爱其同类，人尤其如此。这就是承认爱是人的本性：

> 凡生乎天地之间者，有血气之属，必有知。有知之属，莫不爱其类。今夫大鸟兽，则（若）失亡其群配，越月逾时则必反；铅（沿）过故乡，则必徘徊焉，鸣号焉，踯躅焉，然后能去之也……故有血气之属，莫知于人；故人之于其亲也，至死无穷。（《荀子·礼论篇》）

荀子还提出了"义与利为人所两有"的主张，认为虽桀纣亦不能去民之好义。这就表明他承认义和利都是人的本性。他说：

> 义与利者，人之所两有也，虽尧舜不能去民之欲利，然而能使其欲利不克（胜）其好义也。虽桀纣亦不能去民之好义，然而能使其好义不胜其欲利也。故义胜利者为治世，利克义者为乱世。上重义则义克利，上重利则利克义。（《荀子·大略篇》）

清王先谦认为性恶之说不是荀子的本意：

> 余谓性恶之说，非荀子本意也。其言曰："直木不待檃栝而直者，其性直也。枸木必待檃栝烝矫然后直者，以其性不直也。今人性恶，必待圣王之治，礼义之化，然后皆出于治、合于善也。"夫使荀子而不知人性有善恶，则不知木性有枸直矣。然而其言如此，岂真不知性耶？余因以悲荀子遭世大乱，民胥泯棼，感激而出此也。[①]

清钱大昕在《荀子·跋》中，对于孟子、荀子的功绩做出了公允的评论。他认为孟子言性善，是要人尽性而乐于善；荀子言性恶，是要人化性而勉于善。可见钱大昕是认为人性本有善恶两

---

① 王先谦，《荀子集解·序》。

面，而孟荀各得其一，立言虽殊，教人以善则一，他说：

>盖自仲尼既殁，儒家以孟荀为最醇。太史公序列诸子，独以孟荀标目；韩退之于荀氏，虽有大醇小疵之讥，然其云"吐辞为经，优入圣域"，则与孟氏并称，无异词也。宋德所訾议者，惟性恶一篇。愚谓孟言性善，欲人之尽性而乐于善；荀言性恶，欲人之化性而勉于善。立言虽殊，其教人以善则一也。宋儒言性，虽主孟氏，然必分利理与气质而二之，则已兼取孟荀二义。至其教人，以变化气质为先，实暗用荀子化性之说。然则荀之书讵可以小疵訾之哉。古书伪与为通，荀子所云人性恶其善者伪也，此伪字即作为之为，非诈伪之伪。①

（三）荀子的影响

荀子虽然"术不用于当时"，但是他的人性生而好利的主张，得到他的学生韩非的继承和发挥，成为实行法治的依据，在中国历史上起了重大的作用。可能是因此之故，在长时期内儒家将其排除在外，然而重法治、重君上也是荀子的初衷。

韩非（公元前280—前233）是荀子的学生，其所著《韩非子》一书集先秦法家思想之大成。他认为人情好利而恶害。春秋时齐国管仲（？—前645）所撰《管子》中早已提出，"夫凡人之情，见利莫能弗就，见害莫能勿避"（《禁藏》篇）。战国时卫国人商鞅（约公元前390—前338）所撰《商君书》亦说，"民之于利也，若水之于下也，四旁无择也。民徒可以得利，而为之者"（《君臣》篇），并说，"民之欲言贵也，其阖棺而后止"（《赏罚》篇）。至荀子，明确提出"今人之性，生而有好利焉"的主张。韩非继承下来，进一步加以发挥，认为"好利恶害，夫人之所有也"（《韩非

---

① 王先谦，《荀子集解·序》，第10页。

子·难二》篇），主张实行法治，而法则以人情好利恶害为依据。秦始皇实际上所实行的与他的主张吻合，然而秦王朝不十五年而亡。有鉴于此，汉武帝明令"罢黜百家，独尊儒术"，然而实际上仍然不得不采用刑罚来治理国家。嗣后中国统治者均实行"阳儒阴法"的政策。这也用事实证明了人性既有善，又有恶，对于人性善的趋向应予以发挥，对于人性恶的趋向应予以抑制。

清人王先慎在其所著《韩非子集解》的序言中，用委婉曲折的笔法，说明了韩非当时人性恶的一面暴露无遗的情况，以及法律和秩序的必要性，亦足以说明人性既有善，又有恶。他的序言是这样写的：

> 韩非处弱韩（他是韩国人）危极之时，以宗属（贵族）疏远，不得进用。目击游说纵横之徒，颠倒人主以取利，而奸猾贼民恣为暴乱，莫可救止。因痛嫉夫操国柄者不能伸其自有之权力，斩割禁断，肃朝野而谋治安。其身与国为体（因是贵族），又烛弊深切，无由见之行事，为书以著明之。故其情迫其言覈，不与战国文学诸子等。迄今览其遗文，推迹当日国势，苟不先以非之言，殆亦无可为治者。仁惠者，临民之要道，然非（不能）以待奸暴也。孟子导时王以仁义，而恶言利。今非之言曰，世之学术者说人主，不曰乘威严以困奸邪，而皆曰仁义惠爱。世主亦美仁义之名，而不察其实。盖世主所美，非孟子所谓仁义，说士所言非仁义即利耳。至劝人主用威，唯非（韩非）宗属乃敢言之。非论说固有偏激，然其云明法严刑，救群生之乱，去天下之祸，使强不陵弱，众不暴寡，耆老得遂，幼孤得长，此则重典之用，而张弛之宜与？孟子所称及闲暇、明政刑，用意岂异也？既不能行之

于韩，而秦法暗与之同，遂以钼众雄，有天下。而董子（仲舒）乃曰，秦行韩非之说。考非奉使时，秦政立势成，非往即见杀，何谓行其说哉。①

五、冯友兰的人性善恶观

冯友兰（1895—1990）是中国现代著名的哲学史家和哲学家，他的哲学系统称为"新理学"，是接着宋明道学中程朱一派的理学来讲的。他在《新理学》②一书中对人性的善恶问题作了深入细致的分析，概述于下。

（一）四组主要命题

新理学的形上学有四组主要命题，即理、气、道体和大全。

第一组主要命题是，凡事物必都是什么事物，是什么事物，必都是某种事物。有某种事物，必有某种事物之所以为某种事物者。借用旧日中国哲学家的话说：有物必有则。

第二组主要命题是，事物必都存在。存在的事物必都能存在。能存在的事物必都有其所有以能存在者。借用中国旧日哲学家的话说，有理必有气。

第三组主要命题是，存在是一流行。凡存在都是事物的存在。事物的存在，是其气实现某理或某某理的流行。实际的存在是无极实现太极的流行。总所有的流行，谓之道体。一切流行涵蕴动。一切流行所涵蕴的动，谓之乾元。借用中国旧日哲学家的话说，无极而太极；又曰：乾道变化，各正性命。

第四组主要命题是，总一切的有，谓之大全。大全就是一切

---

① 王先慎《韩非子集解》序。
② 冯友兰《新理学》，生活·读书·新知三联书店，2007年版。

的有。借用中国旧日哲学家的话说，一即一切，一切即一。

（二）性的分类

冯友兰首先将性分为义理之性和气质之性。义理之性是一类事物之所以为一类事物者，即是其理。一类的事物必须依照其理，依据其气，然后成为一类的事物，事物在实现其理时，在实际上须有一种结构，这种结构称为气质或气禀。气质或气禀的完全程度，各个事物不同，有八分者，有七分者，其所实现的八分或七分的义理之性称为气质之性。

冯友兰又将性分为正性、辅性和无干性。人之性使人之所以异于禽兽者，称为正性；人所有之性，使人之同于禽兽者，称为辅性；人又有高矮、胖瘦、张三李四之分，属于不同的类，具有不同的性，这些性同人之性和人所有之性无干，称为无干性。

（三）性善性恶

不但人性有善有恶，一切事物之性均可以谈善恶。义理之性是一类事物之所以成为一类事物者，是其理，是无善无恶的，也可以说是至善的。气质之性是实现义理之性者，义理之性是至善的，气质之性也可以说是善的。但是从另一方面说，气质之性可以有三品，以在每一个时候（例如现在的飞机和十年前的飞机不同）普通所达到的义理之性的程度作为实际的标准，合乎此标准的为中品，超过此标准的为上品，不及此标准的为下品。上品为善，下品为恶，中品不善不恶。

（四）人性是善是恶

人之性是彻头彻尾的无不善。

从真际①或本然之观点看，有人之性者之义理之性，即人之所以为人者，不能说它是善的或是恶的，即是无善无恶的。从实

---

① 在冯友兰的哲学系统中，真际包含实际，实际包含各个实际的事物。

际的观点看，人之性是属于人之类之物之完全的典型，可以说是至善的。有人之性者之气质之性是可以很善或不很善的。有人之性者之气质，亦可以是很善，可以是不很善的。或亦可以说，有人之性者之气质之性，可有三品；其气质亦可有三品。

从实际或自然之观点看，有人之性者亦是实际的物。若实际的物均可说是善的，则有人之性者亦可说是善的。有人之性者可说是善的，因为人之性可说是至善的。

从实际的物之观点说，凡实际的物皆以其自己之好恶为标准，作善恶之判断。有人之性者，亦可以从其所有之人之性发出之好恶为标准，作善恶之判断，如以此为标准作善恶之判断，则自然以人之性为善的。

从社会之观点说，人之性亦是善的，其说详下（意思是人有社会、行道德）。现且说，从真际之观点说，人之性是无善无恶的；从实际之观点说，人之性是善的；从实际的物之观点说，人之性是善的；从社会之观点说，人之性亦是善的。照我们的说法，人之性可以说是，彻头彻尾地"无不善"。（《新理学》第92—93页）

但是，冯友兰也承认社会上确实有恶人。他从两方面找到了恶的来源，一是从人之性的气质之性，一是从人所有之性。他说：社会的生活、道德的行为，对于人亦很有勉强的方面。主张性恶者特别注重此方面，我们亦不能说他们没有理由。人不仅有人之性，而且有人所有之性，及一个人所有之性，其中有许多显然是俱生的，而且是与人之性有冲突的。人所有对于人之性之气质，亦未必是完全好的。所谓未必是完全好的者，即未必完全能为人之理之实现之所依据。因此两种原因，所以社会的生活、道德的行为，虽然是顺乎人所有之人之性之自然的发展，而对于人亦很有其勉强的方面。（《新理学》第98页）

他进而对这两方面进行分析，就气质之性来说，一某事物之气质或气禀，未必能使其气质之性，充分合乎其义理之性，未必能充分实现其理，上文已说。人所有对于人之性之气质或气禀，因人而殊。有能使其气质之性充分合乎人之义理之性者，有不能使其气质之性充分合乎人之义理之性者。所以人有贤愚善恶之不齐。关于这一点，程朱已看清楚。明道说："论性不论气不备，论气不论性不明，二之则不是。"此所说气谓气质或气禀；此所说性谓人之义理之性，即人之理。必二者兼论，然后性善之说，始可以无困难。盖若不论气质，则关于人之所以有不善，甚难解释。兼气质与义理之性，则我们可说义理之性是善，但关于人之所以有不善，亦有充分的解释。所以朱子说："气质之说，大有功于圣门。自张程之说立，而诸子之说泯矣。"（《新理学》第98页）

就人所有之性来说，若从社会之观点看，或从人之所以为人者之观点看，则如从人所有之性所发之事，与从人之性所发之事有冲突时，则从人所有之性所发之事是不道德的。例如好生恶死，是根于人所有之生物之性，凡是生物，都是好生恶死的。由此发出之行为，即求生避死。若此行为不与由人之性发出之行为，发生冲突，则此行为是无所谓道德的或不道德的。但有时求生避死之行为，与由人之性所应发之行为有冲突，如此则此求生避死之行为，是不道德的。已往及现在历史中有许多杀身成仁、舍生取义之行为。这些行为，皆是舍弃从人所有之生物之性所应发出之行为，而取从人之性所发出之行为。如舍弃应从人之性所发出之行为，而取从人所有之生物之性所发出之行为，则其行为是不道德的。我们于此，必以人之性为标准，以判定是非，因为人之性是人之正性。若欲是人，则必顺人之正性，不顺其辅性。人所有之性，虽其本身不是不道德的，但有些不道德的行为，是从这些人所有之性发出者。所以人所有之性，从人之所以为人者之观点看，亦是道德的恶之起源。

从一个人所有之性所发出之事,如与从人之性所发出之事有冲突时,亦是不道德的。所以一个人所有之性,亦是道德的恶之起源。此诸性非一切人所共有者,所以在根本上即有与人之性冲突者。(《新理学》第99—100页)

孟子主张人性善,但《孟子》书中有几处恶人的记载,可见在当时,至少是编书的人已经发现了人性有恶的一面。东汉王充在《论衡》中指出人性有善有恶。唐韩愈把荀子和孟子并列为儒家的两大圣人,"是二儒者,吐辞为经,举足为法。绝类离伦,优入圣域(《进学解》)",自己也有《原毁》一文,可见他是承认有恶人的。到了宋明,程明道、朱熹从义理之性和气质之性的分辨和联系中发现了人性恶的来源。迄至冯友兰,又从人所有之性和一个人所有之性发现了更多的恶的来源。可见,对于人性的认识,在历史上是一步一步地走向深入、走向全面,最终,人性有善有恶、是善恶混合的命题昭然若揭。

冯友兰明知人性有恶的一面,却竭力主张人之性是彻头彻尾的"无不善",并且说只有人之性能代表人性,它完全是从主观愿望出发,与其把实际说成是恶,毋宁把它说成不是至善,这样可以对实际乐观而不悲观。他说,从真际或本然之观点看,所有实际的事物,没有能真正穷理尽性的,例如,如从方之理之观点看,则实际中之方的物,皆是不十分方,即皆是不完全的。若纯从此观点看,则我们的实际的世界,即是一不完全的世界,亦可说是一恶的世界。柏拉图之看实际,即从此观点看。

但若从实际或自然之观点看,则各类之实际的分子,虽不各完全依照其理,但亦各依照其理。它们虽不是完全的,但却各向其完全的标准以进行。实际的事物,与其说它是恶,毋宁说它不是至善。我们是在实际或自然中者,我们不应离开实际或自然,而专从真际或本然之观点,以看实际的、自然的事物。从实际或自然之观点看,我们对于实际,可以乐观而不必悲观。亚里士多德对于实际,持如此的看法,儒家对于实际亦持如此的看法。(《新理学》第89页)

冯友兰在《贞元六书》的《新世训》中把调情理列为训条之一,遵从道家的学说,要以理化情,以情从理;他在人性善恶问题上却是反其道而行之,是以情化理,以理从情了。

方今市场经济体制尚未臻完备,贪欲横行,滔滔者天下皆是,必须厉行法治,严刑峻法,方能挽狂澜于既倒,单凭道德的教养、个人的自律是无济于事的。我们提出人性有恶的一面,把它和人性有善的一面相提并论,既可以为厉行法治奠定坚实的理论基础,又可以为道德发挥作用开辟更加广阔的天地。

第六章 人性与求知

以往谈人性一般只谈生存与发展，而很少涉及求知与创造。因此，本书特设以下两章，分别对二者加以专门探讨。

古今哲学家都认为求知是人的天性，在长达两三百万年交替出现的冰期中，人类依靠不断增长的智力才得生存下来。现代心理学认为，人类之所以称为万物之灵，主要因为他比其他动物更会求知，从求知活动中获取经验，凝结为知识，代代相传，积成文化，以之战胜自然，终于主宰世界。

人类求知活动大致有两个目的：一是了解并适应其所处的环境，进而控制及改变外在的物质世界；二是了解自身及人己关系，进而理解生命的意义与价值。数千年来人类求知活动的结果，发展了各种科学和技术以及不同的哲学和宗教。求知是人类行为的一大特征，其构成要件有求知活动和求知方法，二者的起源，迄今尚无肯定答案。

求知是人的本性，从日常生活中亦可得到证实。我们每天渴望阅读报刊，收听广播电视，以了解本国和世界事变，不如此便觉耳目堵塞，困闷难受。老年大学逐渐发达，学生众多，足见学习新知识新技能可以排遣岁月。罗素曾这样介绍自己:"我生来并不快乐。在孩提时代,我最喜欢的圣歌是:'对尘世觉得厌倦,我肩负着自己的罪孽。'五岁时,我曾想过:如果我要活到七十岁,那我才忍受了全部生命的十四分之一,我觉得面前漫长的无聊生活,简直难以忍受。到了少年期,我痛恨生活,经常处于自杀的边缘;只是因为想要多学点数学,才没有走这条路。"[①]罗素活到98岁,是求知使他活了下来。

本章分述求知的理论和方法、古代中国的求知范例、近代西欧的求知范例以及科学技术在中国。

一、有关求知的理论和方法

(一)哲学和心理学中的学习理论

哲学中的认识论承认,知识来源于学习。但对何以能学到知识及如何学到知识,则意见分歧,主要有经验主义和理性主义两种理论。前者认为,人类的知识完全来自人们后天在生存环境中的经验;后者认为,人类的知识不单是凭借经验,也要凭借对自明之理的直觉和演绎推理。两者对现代心理学均有影响。

经验主义源于英国哲学家洛克(1632—1704),认为学得的经验构成观念(或知觉),经过观念联想而变成知识,在哲学心理学中形成联想心理学;到18世纪,演变成科学心理学初期的联想主义,特别强调刺激与反应之间的联结;最后成为行为主义。

理性主义源于法国哲学家笛卡尔(1596—1650),由德国哲学家康德(1724—1804)集其大成。理性主义认为知识不等于经验的积累;只有将先天性的概念结构加诸经验之上,并加以组织和

---

① Bertrand Russell, The Conquest of Happiness, Allen & Unwin, 1930, p.18.

处理,才能成为知识。理性主义在欧洲成为当时官能心理学的理论依据。20世纪初,在先天结构论的影响之下,在欧洲出现完形心理学(格式塔心理学),传到美国,发展成为认知心理学。

往昔的哲学认识论只停留在假设或理论阶段,无法用事实去验证。代之而起的是科学心理学,采用观察、调查、实验等科学研究方法。科学心理学从1879年德国冯德(1832—1930)在莱比锡大学创立心理研究室开始,研究意识内容的构成元素,称为结构主义。以后反对结构主义的学派林立。自20世纪50年代开始,现代心理学演变为不同理论并存互补的局面,其中最重要的,有行为论、精神分析论、人本论、认知论、生理科学观。

现代心理学认为学习(Learning)是因经验而使行为或行为能力产生较为持久改变的过程。[①] 学习既指个体的生活习得(包括习惯、知识、技能、观念等)的积累,又指个体的生活活动,在活动过程中产生学习。学习有多种类型。学得的行为,有生活习惯方面的(如说话表情、走路姿态等),有身体动作技能方面的(如体操、跳舞、游泳、打字、驾驶等),有书本知识方面的(如文、理、社会各学科的内容),有理念方面的(如态度、观念、理想、价值判断等)。

自科学心理学诞生以来,大致都认可学习是个体行为改变历程这一定义,但对这一过程的理论解释,则学说不一。近百年来,先是行为论独占优势,继之为行为论与认知论的对立,现在则为多种理论并存。在20世纪20年代至50年代,行为主义者倡导的条件(或译制约)学习理论几乎成为解释学习历程的唯一根据。从巴甫洛夫(1849—1936)的古典条件论经桑代克(1874—1949)的效果律,到斯肯纳(1904—1990)的操作条件学习,行为主义

---

① 张春兴《现代心理学》,上海人民出版社1994年,第六章。

者一直试图通过科学实验建立一种可以解释一切的学习理论,但遭到认知学习论的反对而未能实现。70年代以后,形成各种理论互调互补的局面,以不同理论去解释不同情况的学习。

究其原因,是由于在学习过程中个体行为的变化常常隐而不显。各种理论各自根据其所见事实立论,有如盲人摸象。在目前,拥护古典条件学习理论者,认为刺激与反应时间的接近是构成学习的主因;拥护操作条件学习理论者,认为反应结果的后效强化是构成学习的主因;拥护认知学习论者,认为对刺激与反应之间的关系的了解是构成学习的主因。

值得注意的是,认知学习论与中国历来通行的学习方法颇多相似之处。从科学方法看,行为主义者以古典条件与操作条件两种实验方法研究动物学习,所得结果可以验证,并可达到预测与控制的程度,可以在动物训练、甚至在人的学习与教学上应用。但从学习心理的理论高度来看,单用时间接近和强化作用来解释刺激与反应之间的连结是很不够的。因为如果个体学到的只是习惯,那它就不能支配人的一切行为。习惯支配的只是行动,属于个体行为中偏于"行"的一面。个体行为中还有"知"的一面,个体如何学到"知",尚有待认知理论去解释。

各类认知学习实验,正是为了解决这一问题。

(1)顿悟(Insight)学习实验

德国完形心理学家柯勒(1887—1967)曾对黑猩猩从事"接杆问题"实验,认为顿悟学习不必靠练习或经验,只要个体理解了整个情景中各刺激之间的关系,顿悟就会自然发生。

实验是将饥饿的猩猩关在笼中,笼外远处放置食物,在笼与食物之间放置长短不同的木杆数条,但木杆均不能单独触及食物。发现猩猩几次用短杆失败后,显出领悟状态,将两杆接在一起,终于达到目的。

这种顿悟学习的道理，与中国儒家"即物穷理而一旦豁然贯通"之法颇为相似。《大学》传五章解释格物致知的道理，原文后来亡佚，宋朱熹根据程颐（伊川）的意见加以补充，从事物有理而人心有知立论：

　　　　所谓致知在格物者，言欲致吾之知，在即物而穷其理也。盖人心之灵，莫不有知；而天下之物，莫不有理。惟于理有未穷，故其知有不尽也。是以大学始教，必使学者即天下之物，莫不因其已知之理而益穷之，以求至乎其极。至于用力之久，而一旦豁然贯通焉，则众物之表里精粗无不到，而吾心之全体大用无不明矣。此谓物格，此谓知之至也。①

　　中国还有"顿开茅塞"、"共君一夜话、胜读十年书"的说法；朱熹曾说："读书，始读，未尝有疑；其次，则渐渐有疑；中则节节是疑。过了这一关，疑渐渐释，以至融会贯通，都无所疑，方始是学。"这些话，均含有顿悟之意。

　　（2）方位学习（Place learning）实验

　　美国心理学家托尔曼（1886—1959）曾从事"三路迷津"实验，证明学习乃是经由认知而非经刺激反应联系的历程。

　　先让白鼠进入认知图中每一通道以熟悉环境，再让它在饥饿时走入迷津，几次练习后，它就选最捷的一个通道直奔食物。将此道阻塞后，它迅速退回，改走较远的第二通道。再加阻塞，它就改走最远的第三通道。可见白鼠学到认知图之后，它走迷津中的行为是由目的导向的，而不是像操作条件学习论者所说由反应导向的。

　　《水浒》中三打祝家庄，最后一次胜利，就是因为事先摸清了盘陀路。毛泽东在《〈农村调查〉的序言和跋》（1941年）中，在

---

① 《大学》，传五章。

《改造我们的学习》（1941年）中，都反复强调"没有调查就没有发言权"，强调要研究现状、研究历史，要"对周围环境作系统的周密的调查和研究"，就是为了要学习这个"认知图"。他说："我们走过了许多弯路，但是错误常常是正确的先导。"正是由于这样，才终于取得了胜利。

（3）观察学习（Observational learning）的知识成分

美国班都拉教授倡导社会学习论，其基础即为观察学习。学习者在社会环境中观察他人的行为及其后果（得到奖励或惩罚），间接学到东西，即对楷模（Model）的仿效。学习者按照楷模来评量自己，改正自己，是为自我规范，从而获得自我增强的心理效果。

这种学习方法，同中国的"耳濡目染"、"见贤思齐"、"见善则迁"、"身教重于言教"颇为近似。人类的知识、态度、技能等，很多是来自间接经验的。

中国共产党在领导中国革命和建设中，充分利用了观察学习的方法。从毛泽东《纪念白求恩》（1939年）、《为人民服务》（1944年）到"向雷锋同志学习"（1963年）等等，以及树立各种各样的英雄模范榜样，无一不是用先进人物来教育广大党员、干部和群众。

其实观察学习从反面也在发挥作用。刑罚的目的，就在"杀鸡给猴子看"、"杀一儆百"、"刑期于无刑"，让人从反面吸取教训。

（4）潜在学习（Intent learning）中获得认知

未经增强的、偶然的、无意识的反应，也可能产生学习的效果。例如你头一天到书店买书不曾买到，第二天你的朋友去买来一本他需要的书，此时你一眼便认得出，因为你在头一天无意中看到。可见个体在某种环境中产生了学习的效果，但隐而不显，直到有必要时才在行为上呈现出来。此时并不需有后效强化，去使个体直接去体验到满足或痛苦。

中国所谓"潜移默化"、"熏陶"、"春风化雨"等,即是此意。

(5) 学得无助感(Learned helplessness)中带有认知

在目前环境变化无法控制或对未来事件的发展无法预知时,个体认知功能势必因无法解决困难而解体,此种情况如长期持续,个体将因焦虑、恐惧、痛苦而陷入绝望境地,行为主义者称之为"学得无助感"。实验时先将狗置于无法逃避电击的境地,然后通电,狗即甘心忍受。然而倘若将其置于有法逃避电击的境地,狗即能逃脱电击。以此类推,想要培养艰苦卓绝的性格,除了让人在困难中获得成功经验以外,也必须让他适度自由,让他学得在艰苦中如何应付环境。

中国所谓"艰难困苦、玉汝于成",兵法所谓"置之死地而后生",孟子所谓"天将降大任于是人"的情况,均是此意。

由此可见,认知论在解释人类行为"知"的一面时能起一定的作用,这就是它为什么能与行为论并存的原因。

毛泽东对经验主义和理性主义作了如下的总结:

> 理性认识依赖于感性认识,感性认识有待于发展到理性认识,这就是辩证唯物论的认识论。哲学上的"唯理论"和"经验论"都不懂得认识的历史性或辩证性,虽然各有片面的真理(对于唯物的唯理论和经验论而言,非指唯心的唯理论和经验论),但在认识论的全体上则都是错误的。由感性到理性之辩证唯物论的认识运动,对于一个小的认识过程(例如对于一个事物或一件工作的认识)是如此,对于一个大的认识过程(例如对于一个社会或一个革命的认识)也是如此。①

---

① 《实践论》,1937年。

（二）逻辑学（论理学）中的求知方法

求知就是认识客观事物的过程。毛泽东将认识过程分为感性认识阶段和理性认识阶段。在前一阶段中，客观事物在人们的感觉器官中引起感觉，在人们的脑子中产生印象（知觉），这些都是现象。在后一阶段中，在人们的脑子中产生概念，它反映事物的本质、事物的全体、事物的内部联系。循此继进，使用判断和推理的方法，就可以产生合乎论理的结论来。[①]

我们在上面讨论人性是什么和人性怎么样时，已经具体说明了概念与判断的应用，这里着重讨论一些推理方面的问题。逻辑学认为，人们在运用概念、作出判断、进行推理时，应当遵守几个最起码的思维准则：

①同一律。在同一思维过程中，每个概念、每个判断都必须具有确定的同一的内容，否则在概念方面就会犯混淆概念和偷换概念的错误，在判断方面就要犯转移论题（离题、跑题）和偷换论题的错误。

②矛盾律。在同一思维过程中，一个思想及其否定不能同时都是真的，至少有一个是假的（如说"张三是浙江人"和"张三不是浙江人"），否则就会前言不对后语、出尔反尔。

③排中律。在同一思维过程中，两个互相矛盾的思想不能都是假的，必有一个是真的（如说"所有的人都是浙江人"，同时又说"有些人不是浙江人"），对二者必须择一，不能骑墙居中，否则就是"两不可"或"不置可否"。

④充足理由律。在思维论证过程中，对确定为真的论断，必须提供充足的理由。其反面是毫无理由（武断）、理由虚假或推不出（理由和论断之间没有必然联系）。

---

① 《实践论》，1937年。

推理是从一个或几个已知判断推出另一个新判断的过程。每一个推理均由前提、结论和推理形式三要素组成。推理的内容（前提、结论）要求真实，即符合客观实际；推理的形式要求正确，即合乎逻辑规律和规则。

比较常见的推理形式有两种：

①演绎推理——由一般性知识前提推出个别性知识结论，前提蕴藏着结论，二者的联系是必然的。

②归纳推理——由个别性知识前提推出一般性知识结论，二者的联系是或然的（带概然性的）。

我在下面比较详细地介绍伯特兰·罗素的关于科学推理的五项公设。罗素是一个经验主义者，但从20世纪40年代起，他逐渐认识到经验主义的不足，只有靠某些不依靠经验的原则，才能将经验中得到的片断知识串联起来，成为科学的知识，他在他的最后一部哲学著作《人类的知识》中提出了五项这样的原则。[①]

（三）罗素的科学推理五项公设

一般认为，科学知识是大体上可以承认的。从科学常识来看，人类的知识只限于宇宙中微乎其微的一部分，过去有过长得无法估计的蒙昧时期。既然人和世界接触的时间很短，观察事物又不免带有个人偏见和局限性，那么人究竟是怎样获得关于世界的全部知识的呢？

每一个人的知识决定于他自己个人的经验。由于我个人生活中遭遇的某些事件具有某种知识，我对于我所没有经验过的事件也抱有许多信念，如别人的思想和感情，在我周围的物件，地球在历史和地质上的过去情况，天文学所研究的宇宙的辽阔领域等等。除了细节上的错误以外，人们承认这些信念是正确的，因此

---

① 罗素《人类的知识：其范围与限度》，张金言译，商务印书馆，1983年。

也就认为,由一个事件到其他事件之间存在着正确有效的推理过程,即是说,从无须推理就认识到的事件到不具有这种认识的事件。

由一组事件推论出其他事件的推理,只能在世界具有某种在逻辑上并不是必然的特点的条件下才能进行。一切从事件推论出事件的推理,都要求在不同的现象之间存在着某种联系。传统上将这种相互联系用因果原理或自然规律表示出来,它蕴藏在简单列举的归纳可能具有的有限正确性中。但传统表示这种必须作为公设的相互联系的方式在许多方面都有缺点,有的失之过分严格,有的失之不够严格。发现作为科学推理的合理根据所必需的最小量的原理,就是《人类的知识》一书的主要目的之一。

科学的重要推理与逻辑推理和数学推理不同,它只具有概然性,而不具有必然性。如果前提真,推理也正确,则结论可能真。概然性(Probability)可以表达两种不同的概念:一是数学的概率,如果一个事物有几个分子,其中 m 个分子具有某种特点,则其中一个未确定的分子具有这种特点的概率为 m/n;二是一个范围较大的意义较为含混的概念,可称为可信度(Degree of credibility),是人类给予一个不带必然性的命题的相信的分量。在科学推理的原理中,二者均有涉及。

科学知识的目的,在于去掉一切个人的因素,说出人类集体智慧的发现。科学知识在达到这个目的上已经获得了相当的成功。为达到最大限度的成功,它就不得不牺牲个人知识的因素。就整个社会所搜集的知识总量来看,社会的知识包括百科全书的全部内容和各种学报的全部文献,它比单独个人的知识要丰富得多。但是构成个人生活特殊色调的亲切事物,在社会知识中却一无所有,因为个人的亲身经历是其他的人所没有的,也不是用言语可以完全表达的。虽然文学家可以在读者心中创造出一种类似的心境,科学方法却办不到。

从宏观宇宙来看，人类显得非常渺小，人类所关心的事也显得微不足道。但从人类怎样得到关于世界的知识来看，人类又是非常伟大的。人类是通过自己生活中的事件来得到关于世界的知识的，如果不是由于思想的能力，这些事件是永远无法知道的。空间之大，时间之久，都能反映在天文学家的理想之中；他的思想和空间时间一样广阔悠久，无边无际。不管事件大到或小到什么程度，人的智力都能了解；不论事物在空间上和时间上离开多远，人的智力都能恰如其分地估量出这些事件在宇宙结构中所占的位置。在能力上人是软弱的，但在思想上人与他的思考对象却是大小相等的。

　　科学推理所根据的知觉材料是只有我们自己才知道的，如"看见太阳"这件事，只是看见的人在一生中所发生的无数事件之一。根据这个事件，经过漫长而复杂的推理过程，才能推论出天文学家所说的太阳。如果世界毫无规律可言，这种推理就是不可能的。如果没有因果上的相互联系，一个地方发生的事件就不能说明另一个地方发生的事件，我们的经验就不能说明在我一生以外所发生的任何事件。从个人的知觉和思想到不带一点个人因素的科学，这一过程是一条漫长而崎岖的道路。

　　在这一过程中我们所依靠的推理过程是与演绎逻辑和数学不同的，区别就在于它不带最后结论的性质，即是说，是一些前提正确、推论也对、但并不能保证结论正确的推理过程，虽然在某种意义上和某种程度上，这种推理能使结论具有概然性。除了在数学中以外，几乎我们所有实际依靠的推理过程都属于这一种。在某种情况下，这种推理的力量实际上大到具有必然性的程度。

　　人们习惯于将一切推理看作不是演绎的便是归纳的，并将概然性的推理与归纳推理看作是同义语。罗素所做的，就是通过对科学程序的分析，将归纳推理的规则加以系统化，以求达到演绎逻辑方面所已经取得的系统化。

从一组"与件"①推论出定律，需要有先于经验的最小量的假设，才能使这种推理具有合理的根据。罗素提出了五个这样的公设，认为如果不承认它们，就会走向唯我论；如果没有它们，就不能相信科学的一般真理；如果对它们抱着错误的信念，人类就不会生存下来。

他的科学推理的五项公设如下。

A. 准永久性公设

公设：已知任何一个"事件"②A，经常发生的情况是，在任何一个相邻的时间、在某个相邻的地点，有一个与A非常相似的事件。

主要用途：代替常识中的"东西"和"人"的概念，不涉及"实质"的概念。

一件东西就是由一类事件组成的系列，相似性只存在于时空相隔不远的事件之间，如三个月的胚胎和成年人没有很多相似之处，但两者却通过一步一步的过渡而逐渐连结起来，因而被人看作是一件"东西"的发展阶段。

B. 因果线公设

公设：通常可能形成这样的一系列事件，从这个系列中一个或两个分子可以推测出关于所有其他分子的情况。

用途：本公设有许多用途，其中最重要的也许是它与知觉相关联的方面。例如，将观看夜空时知觉的多重性的原因归于星体的繁多。

---

① 与件（Data）指资料、材料、作为论据之事实。

② 一个"事件"（Event）是发生在某件事之前或之后或与之部分重合的一件事情。人们认为一个"事件"占有时空的某一连续部分，它消失在这一连续部分的尽端，并且不能再次出现。物理的事件是经过推理才知道它发生、同时知道它不是属于精神的事件。精神的事件是人们不经过推理就知道的事件。我们不知道，人们除了经过推理，还有什么方法能够知道物理的事件。

一系列按本公设所说的方式互相连接的事件就是一条"因果线",使此推论成为可能的是"因果律"。

约翰·勒穆(J.S.Mill,1806—1873,英国哲学家、经济学家,著有《逻辑学体系》,1843年等)著作中的"原因"可定义如下。所有事件均可分为这样的类别:B类的一个事件随A类的每一事件发生,B类可与A类不同或相同;已知两个这样的事件,A类的叫做原因,B类的叫做结果。如已发现一种因果关系,即能从已知A时推论出B;从B逆推到A的推理的可靠度就低些,因为有时许多不同的原因可能引起相同的结果。

原因这一概念是原始的和不科学的,在科学中已被因果线这一概念所代替。假如有一个常识性的概括性的命题:A是产生B的原因,如橡果是产生橡树的原因。如果在A与B间有一段有限的时间间隔,其中可能发生某件事情阻止B出现,如橡果被猪吃掉。我们无法将世界上无限复杂的情况全都考虑进去,而且除了借助以前的因果知识,是无法说出何种事件会阻止B出现,因而定律变成了"如没有东西阻止B出现,A就是产生B的原因",简言之,就是"除非A不产生B,否则A就是产生B的原因"。这一定律作为科学知识的基础是很不够的。

科学有三种方法克服这种困难:微分方程,准永久性,统计上的规律性。这里只谈第二种。

人们普遍用准永久性定律来解释常识关于"东西"的概念和物理上关于"物质"的概念。一件"东西"或一块"物质"不应当被看作一个单一的有持续性的实体,而应当被看作是一连串有某种因果联系的事件。这种因果联系就是准永久性。因此因果律可以表述为:已知在某一时刻的一个事件,那么在任何稍微靠前或靠后的时刻,在某一相邻的地点,存在着一种极为相似的事件。

将"实体"抛弃以后,就常识说,在不同时间的一个人或一件东西的同一性就必须解释为存在于某种"因果线"的东西上面。因果线这一概念不仅包含在东西或人的准永久性中,也包含在"知觉"的定义中。当我们看见群星时,每颗星在我们的视网膜上产生单独的效果,之所以如此,全靠有一条穿过空间的因果线。当我们看见一张桌子、一把椅子或一页印刷纸时,从这些东西到眼睛之间就有因果线存在。可以一直推到太阳,如果你靠日光看东西的话。一般来说,在知觉的经验中,被知觉的事物是以一个感官为终点的一条因果线的首项。

所以一条因果线是一个由事件组成的时间上的系列,它们的关系是已知其中若干事件,就可以推论出其他事件,不管别的地方发生什么事件。一条因果线总可以看作是某种事物的持续,人、桌子、光子或其他东西。一条因果线可能从头到尾性质不变,结构不变,或有缓慢变化,却无任何相当大的突然变化。收听广播时,从讲话人到收听人之间的过程就是一条因果线,但中间的联系手段(声波、电磁波、生理过程)彼此间,以及此系列的首项和末项,在结构上均相似。

C. 时空连续性公设

本公设用来否定"超距作用",并主张:在两个不相邻的事件之间有因果关联时,一定存在一些中间环节,每个环节均与下个环节相邻;或者存在一种有数学意义的连续程序。如许多人听一个演讲,各人所听到的讲话之间有因果联系;因为听众是分开的,在中间领域一定有一因果程序,如声波。又如你在许多场合看见过某人,当你看不见他时,不会怀疑他的存在。

本公设假定事先存在因果线,从而进行推论。它让我们相信物件在不被知觉时也存在。在科学和常识中关于未观察到的现象所作的大量推论,均依靠这个公设。

D. 结构公设

公设：当许多结构[①]上相似的复合事件在相离不远的领域围绕一个中心分布时，通常出现的情况是：所有这些事件都属于以一个位于中心的有相同结构的事件为它们的起源的因果线。

结构有实体结构和事件结构之分。前者是把结构单位看作是一块物质的结构，如人的身体结构、原子核结构、一所房屋、同一版本的书。后者是以事件为单位的结构，如贝多芬的 C 小调交响乐，在不同的演奏场合，特有的听觉总是由一种声音的时间序列组成的。不同的演奏在结构上并不完全相同，因此演奏有好坏之分。但它们在结构上均非常接近于相同，这种关系存在于不同演奏之间，也存在于各种演奏与乐谱之间。这样，在一篇音乐作品的不同实例之间，即在作曲家原稿、不同的印成乐谱、各种唱片以及不同的演奏之间，存在着实际的结构上的相同。物质结构和事件结构的区分有时并不重要，如一本书是物质结构，这本书的朗诵就是事件结构。

本公设的一种应用，就是它让我们认为有一个物理的和心理的客体所组成的共同世界这一常识信念得到合理的根据。如听到一次广播演说，看到一次《哈姆雷特》演出，各人所说的内容相

[①] 结构（Structure）是一个逻辑概念。表明一件事物的结构就是说出它的各个部分以及各个部分之间的相互关系。如在解剖学中，你先学习各条骨头的名称和形状，然后学习每条骨头在整个骨骼中所占的位置，这样你就知道了骨骼结构。但是解剖学却不能告诉你有关骨骼结构的全部知识，因为结构的分析一般是按阶段进行的，骨骼由骨头组成，骨头由细胞组成，细胞由分子组成，分子由原子组成，而原子又由电子、正电子和中子组成，而且目前得到的最后单位可能随时成为可以分析的东西。所谓"结构上的相同"，可以处理我们的知觉经验与外在世界的关系。例如，收音机把电磁波转化为声波，人体又把声波转化为听觉，电磁波与声波在结构上有某种相似关系，声波与听觉在结构上也有这种关系。只要一种复合结构产生另外一种复合结构，在原因和结果两方面就一定有着几乎完全相同的结构。如果我们承认"同样的原因产生同样的结果"及其推论"不同的结果产生于不同的原因"，那就可以从一个复合的感觉或一系列感觉推论出其物理原因的结构。可见，结构总是涉及关系：一个集合，只作为一个集合来看，是没有什么结构的。

同。我们相信大家生活在一个共同世界中，不仅有与我们一样有知觉的生物，而且有物体。

但是许多哲学家对此表示怀疑。一方面有主张只有他们自己存在的唯我主义者，另一方面有主张一切实在都是心理上的东西的人，如观看太阳时经验到的东西尽管真实，却认为太阳只是一种虚构。发展到莱布尼兹，认为世界系由永远互不作用的单子组成，知觉也绝不是由于外部世界的作用所产生。这些看法既不能予以否认，也不能予以证实，这些看法连他们自己也不相信。

本公设作为在常识中无意识地使用、在科学和法律中有意识地使用的一个推理原理，可以重述如下：

如果在大体相同的领域内的一群复合事件具有相同的结构，并且看来是围绕着一个中心事件，那么，它们大概会有一共同的原因上的祖先（"大概"是指频率而言）。

E. 类推公设

公设：如果已知A、B两类事件，并且已知A和B都能被观察到时，有理由相信A产生B，那么，如果在一个已知实例中观察到A，却没有方法观察到B是否出现，B的出现就具有概然性；如果观察到B，却不能观察到A是否出现，情况也是一样。

你从窗子向外看，观察到没有下雨，这和没有观察到今天在下雨不同，后者可以通过闭上眼睛做到。本公设涉及第二种情况，并且有某种理由认为，那种观察不到的事情如果出现，也是不能观察到的。比如一只狂吠的狗正在追赶一只野兔，狗暂时让灌木丛遮住。

别人心理的不被知觉，与灌木丛中的狗相比，程度比一般认为的还要大。如有一不透明体介乎物体与我们之间，我们就看不见此物体，因为没有一条因果线从物体通向眼睛。身体任何部分被摸一下均能感觉到，因为因果线从被摸处通向大脑神经。摸到别人的身体我们就感觉不到，因为没有神经从别人的身体通向我们的大脑。不能观察到别人身体的感觉，不能成为假定其不曾出现的理由。只在存在这种不可观察的理由时，本公设才能合理地得到应用。

以上五个公设是用来为走向科学的最初步骤和为尽可能多的常识内容找出根据的。

二、中国古代的求知范例

孔子是中国历史上第一位大教育家，他在中国历史上获得了"大成至圣先师"的尊号。同时他也是一位求知的范例，他自己这样描述他的一生："学而不厌，诲人不倦。"从他少年时"吾十有五而志于学"，到晚年还在企求"加我数年，五十以学《易》，可以无大过矣"。他的这种求知精神，为后人树立了光辉的榜样。

他在这一方面的言论和事迹，散见于《论语》一书中，值得我们经常回味。

子曰：学而时习之，不亦说（悦）乎？有朋自远方来，不亦乐乎？人不知，而不愠，不亦君子乎？（《学而》）

子曰：吾十有五而志于学，三十而立，四十而不惑，五十而知天命，六十而耳顺，七十而从心所欲，不逾矩。（《为政》）

子曰：温故而知新，可以为师矣。（《为政》）

子曰：学而不思则罔，思而不学则殆。（《为政》）

子曰：朝闻道，夕死可矣。（《里仁》）

子曰：默而识（记忆）之，学而不厌，诲人不倦，何有于我哉？（《述而》）

子曰：加我数年，五十以学《易》，可以无大过矣。（《述

而》）

叶公问孔子于子路，子路不对。子曰：女（汝）奚不曰，其为人也，发愤忘食，乐以忘忧，不知老之将至云尔。（《述而》）

子曰：我非生而知之者，好古敏以求之者也。（《述而》）

子曰：三人行，必有我师焉，择其善者而从之，其不善者而改之。（《述而》）

子曰："若圣与仁，则吾岂敢？抑为之不厌，诲人不倦，则可谓云尔已矣。"公西华曰："正唯弟子不能学也。"（《述而》）

子曰：学如不及，犹恐失之。（《泰伯》）

子曰：譬如为山，未成一篑，止，吾止也；譬如平地，虽覆一篑，进，吾往也。（《子罕》）

子曰：古之学者为己，今之学者为人。（《宪问》）

子曰："赐也，女（汝）以予为多学而识之者欤？"对曰："然，非欤？"曰："非也，予一以贯之。"（《卫灵公》）

子曰：吾尝终日不食，终夜不寝，以思，无益，不如学也。（《卫灵公》）

孔子曰：生而知之者，上也。学而知之者，次也。困而学之，又其次也。困而不学，民斯为下矣。（《季氏》）

子曰："由也，女（汝）闻六言六蔽矣乎？"对曰："未也。""居，吾语女（汝）。好仁不好学，其蔽（不能通明，滞于一隅，为有物壅蔽之）也愚（不知裁度）。好知（智）不好学，其蔽也荡（多妄自用）。好信不好学，其蔽也贼（害）。好直不好学，其蔽也绞（急切）。好勇不好学，其蔽也乱。好刚不好学，其蔽也狂。"（《阳货》）

《中庸》第十九章亦载：

子曰……或生而知之，或学而知之，或困而知之，及其知之，一也……有弗学，学之弗能，弗措（放弃）也。有弗问，问之弗知，弗措也。有弗思，思之弗得，弗措也。有弗辨，辨之弗明，弗措也。有弗行，行之弗笃，弗措也。人一能之，己百之；人十能之，己千之。果能行此道矣，虽愚必明，虽柔必强。

《孟子·公孙丑上》亦载：

公孙丑问……"然则夫子既圣矣乎？"[孟子]曰："恶，是何言也!昔者子贡问于孔子曰：夫子圣矣乎？孔子曰：'圣则吾不能，我学不厌而教不倦也。'子贡曰：'学不厌，智也；教不倦，仁也。仁且智，夫子既圣矣。'夫圣，孔子不居。是何言也？"

《荀子》首篇就是劝学篇，《大学》以格物、致知和正心、修身、齐家、治国、平天下相联系。中国历来有尊重知识的光荣传统。

三、近代西欧的科学革命

人类求知和创造所达到的完善境界，最早有四大古国的文明：古埃及王国（北非尼罗河下游，前3100年）、巴比伦（西亚幼发拉底河及底格里斯河流域，前2000年）、印度（南亚印度河及恒河流域，前2500年）、中国（东亚黄河流域，前2100年）。它们在天文学、历法、数学、医学、文学和文字学方面，在建筑、冶金、水利等技术方面，均有辉煌的成就。

继之有古希腊罗马文明（前800—前100年）、阿拉伯文明（公元700—1000年）。以后中国四大发明相继传入欧洲（造纸术在12世纪、火药和指南针在13—14世纪，印刷术在15世纪传入）。经过意大利的文艺复兴运动，以及由于其他种种原因，在欧洲发生了科学革命，表明人类对客观世界的认识出现了飞跃；发生了工业革命，表明人类对改造世界的技术出现了飞跃。这两种革命的影响普遍而深刻，悠久而强大，至今仍在不断地改造全世界人民的思想、行为、生活和命运。本章讨论科学革命，在下章讨论工业革命。①

（一）科学革命的意义

科学革命和工业革命使欧洲在150年中（1763—1914）在世界大部分地区跃居统治地位。1763年，欧洲人还只在亚洲和非洲的边缘上有少数落脚点；到了1914年，欧洲列强已经吞并了整个非洲，直接控制了印度和东南亚，间接控制了中华帝国和奥托曼帝国。这两种革命有两个特征：一是在1763年以前它们早在进行，例如在科学革命以前，哥白尼（1473—1543，波兰天文学家）已经刊行了《天体运行论》（1543），阐明日心说；牛顿（1642—1727，英国科学家）的《自然哲学数学原理》已于1687年出版，包括物体运动理论和关于万有引力的讨论。二是它们是互相联系、互相促进的。南北美洲的欧洲化、非洲的被分割、亚洲的被统治，都是这些革命产生的结果。

从哥白尼到爱因斯坦（1870—1955，美国科学家，出生于德国），中间不到四百年，然而科学已从少数爱好者的私人副业发展成为现代文明的统治力量。今天科学的主要特点，就是它的发展速度不断加快。科学革命的意义甚至比新石器时代的农业革命更为重大。农业革命只是使人类文化成为可能，而科学则由于其方法论而具有累积的作用，它本身就包含了无限扩张的可能性。而且科学具有普遍性，以客观的方法论为基础，它的命题能获得广泛的承认。事实上。正是科学以及与之相关的技术使欧洲有可能

---

① 参阅，例如，L.S. Stavrianos, The World Since 1500: A Global History, Prentice-Hall, 1966, pp.185-205。宋健主编《现代科学技术基础知识》，科学出版社，1994年，第1—60页。

在19世纪统治世界。今天全世界人民都在努力学习科学技术。

（二）科学革命的根源

科学的根源，可以追溯到古代，但科学革命是西方文化独特的产物。理由是，只是在西方，科学才变成了一般社会的组成部分。换言之，只是在西方，哲学—科学家才与工匠们彼此结合，互相激励。正是科学与社会的结合、科学家与工匠的结合，大大促进了科学在西方世界的灿烂缤纷。

在所有的人类社会中，工匠们在狩猎、渔牧、农业和制作中开发了各种各样的技能。他们通过观察和实验，逐渐改善了自己的技术，有时达到了很高的水平。但是前现代社会所获得的成就是极其有限的。理由是，工匠们感兴趣的，只是制造陶器、工艺品、盖屋或造船，而不去追问其化学的或机械的原理。他们不去深究前因与后果。总之，工匠们关心的是技术上的知其然，而不是科学上的知其所以然。

根据柯能的定义，科学是由于实验和观察的结果所开发的一系列相互连结的概念和概念图式（Conceptual schemes）。[①]显然，工匠们缺乏这种"概念图式"，它（根据柯能的定义）构成科学的基础。直到最近，思想家和工人是分道扬镳的。

西方最大的成就，就是使二者结合起来。知其然与知其所以然二者的融合，为科学提供了基础和动力，使之成为今天的统治力量。

为什么这种划时代的发展能在西方出现呢？

一是由于14世纪—16世纪欧洲文艺复兴时期人文主义的学风。在此时期，学者们和工匠们都反对整个的中古生活方式，努力要创造一种新的生活方式，尽可能与古希腊接近。他们不再乐

---

① James Bryant Conant, Science and Common Sense, Yale University Press, 1951, p.25.

意通过穆斯林和经院哲学家的有色眼镜去看古代人,而是直接追本溯源。他们不仅懂得了柏拉图和亚里士多德,而且懂得了欧几里德和阿基米德(二人均是希腊数学家),后二人激发了对物理学和数学的研究。尤其重要的,是从生物学获得的启示。医学人员研究希波克拉底和盖伦(均是古希腊名医,前者西方称之为医学之父)的全部著作。博物学家则研究亚里士多德、迪奥斯科里斯(古希腊医生、博物学家)和狄奥弗里斯塔(古希腊哲学家、博物学家)的全部著作。

二是由于西欧有利的社会风气,使工匠与学者之间的鸿沟缩小。在文艺复兴时期,工匠不像在古希腊和中世纪那么受歧视。纺织、陶瓷、玻璃制造,尤其是越来越重要的采矿和冶金,这些方面的实际工艺受到重视。在文艺复兴时期的欧洲,所有这些行业都由自由人操作,而不是像在古希腊那样由奴隶来操作。从社会和经济地位来说,这些自由人比中古时代的工匠更接近统治集团。文艺复兴时期工匠地位的提高,使得有可能强化他们和学者之间的纽带。双方各自有所贡献:工匠们掌握了旧时的古技术,又加上中世纪开发的新技术;学者们提供了重新发现的古代和医药科学的事实、臆想和工序。两种方法逐渐融合,最终形成了爆炸性的结合。

与此同时,个别学者或科学家把劳动和思想结合到了一起。在古代,对于创造性的学问与体力劳动的结合,存在着强烈的偏见。这种偏见是由于古代的奴隶从事体力劳动产生的,在中世纪的欧洲,甚至在奴隶制消灭以后,这种偏见仍然存在。中世纪的经院哲学家区分"自由的"艺术和"奴役的"艺术,区分运用心灵的工作和改变物质的工作。例如,诗人、逻辑学家、数学家属于第一类;而雕刻匠、瓷器上釉工人、铁匠则属于第二类。在医学领域,这种区分的不良影响特别明显。内科医生的工作不改变物质，被视为"自由的"；而外科医生的工作则被贬为"奴役的"。因此，实验被人瞧不起，而解剖则被认为是非法的和令人厌恶的。

威廉·哈维（William Harvey 1587—1657）是英国的医生和解剖家、血液循环的发现者。他对心脏和血液循环的伟大发现，正是由于他坚决不顾这种对于体力劳动的鄙视。在17世纪初，坚持实验方法，是需要巨大的勇气和献身精神的。

三是科学也受到地理大发现和海外领土开辟的刺激。发现了新的植物、新的动物、新的星球，甚至还有新的人种和新的人类社会，这些都向传统的观念和假设提出了挑战。

四是欧洲的科学革命也获益于同时进行的经济革命。在近代初期，欧洲经历了商业和工业的迅速增长。在欧洲国家相互之间以及在这些国家与远东、东印度、非洲和南北美洲之间，商业蓬勃发展。工业迅速扩大，特别是在英国，采煤和炼铁的开发为以后的工业革命奠定了基础。这些经济进步导致了技术进步，而技术进步又与科学互相影响。海洋贸易创造了对造船和航海的巨大需求。新的一类有才智的、受过数学训练的工匠在指南针、地图和工具的制造中出现。在葡萄牙、西班牙、荷兰和法国，建立了航海学校。由于明显的实用价值，天文学得到了认真的研究。同样，采矿业的需要促成了动力传输和抽水机的进步。这就是对机械学和水力学原理感到兴趣的起点。同样，冶金使化学取得重大进展。日益扩大的采矿活动，发现了新的矿石、甚至新的金属，如铋、锌、钴。分割和处理这些金属的技术，有待用类推方法去发现，并通过艰苦的实验去纠正。这样，化学的普遍理论就开始形成，包括氧化和减缩、蒸馏和混合。所有这些成就，给予了科学家以自豪感和自信心，他们以充当新时代的先驱为己任。

（三）17世纪的新宇宙观

现代科学的最初的主要进展发生在天文学领域，因为天文学与地理和航海有密切的关系。意大利是这一进展的场所,因为意大利在15世纪,不论在经济方面还是文化方面,都是欧洲最先进的国家。哥白尼(1473—1543)来到波隆那(意大利北部城市)大学学习,六年后回到波兰,终于在垂死之年刊行了他那不朽的著作——《天体运行论》。他通过科学观测与实验解剖的研究方法,建立了科学的天文学和人体解剖学,推翻了亚里士多德的"地球中心说"和盖伦的"肝为血液循环中心说"。从此,以科学实验方法为基础的自然观取代了旧的自然观和方法论,科学实验运动将光照世界。

然而,哥白尼的日心说(即地动说)既不见容于教会,亦难于为大众所接受,需要有一种新的物理学。于是出现了佛罗伦萨的富人伽利略(1564—1642,意大利物理及天文学家)。他是后继的科学实验代表人物。他于1590年在比萨斜塔上做出自由落体运动实验,又用望远镜发现了木星、土星的卫星和金星盈亏、太阳黑子等一些新的天文现象。他因《关于托勒密和哥白尼两大世界体系的对话》一书而受到教会的长期监禁。他在狱中写了《新科学对话》,成为后来牛顿提出力学三定律的依据。

新天文学大大震撼了人心,使人心旌摇荡。有两位大思想家却保持镇定,他们就是培根(1561—1626,英国作家及哲学家)和笛卡儿(1596—1650,法国哲学家和数学家)。他们实质上是预言家和宣传家,指出了科学的巨大潜力,并以向世界传达此项信息自任。他们是科学方法论的首创者,他们的理论对近代科学技术的发展起了启蒙和指导的作用。

培根提倡新三段思想方法,即通过观察、实验、归纳、总结、分析,发现真理,验证真理;反对亚里士多德的旧思想方法,即以真理、理论去解释现实,从而产生新体会的旧三段论方法。培根主张深入实际,实现"学者与工匠的结合",提出了"知识就是力量"的口号。

笛卡儿的《方法论》和《哲学原理》二书,强调演绎法和数学方法的作用,将欧几里德几何学称为演绎方法系统思维的典范,补充了培根的不足,对后世科学研究产生了很大影响。他提出了"发扬科学真理四条原则"的理论:①先要有清晰而明确的判断;②将一问题分成许多小问题逐一研究解决的办法;③从最简单最容易解决的问题开始,最后解决困难复杂的问题,在纷乱的事物中寻找秩序;④要作详尽而普遍的观察,不得遗漏。他全面总结了前人的方法论,从而确立了归纳法与演绎法相结合的方法论。

后世有成就的科学家,如牛顿、富兰克林、巴斯等,均深受培根和笛卡儿方法论的启发。

科学早期最突出的人物是伊萨克·牛顿爵士。他在伽利略等人工作的基础上进行深入研究,建立了牛顿运动定律,成为经典力学的基础。他还进一步发展了开普勒(1571—1630,德国天文学家和物理学家)等人的工作,通过观察到苹果落地,发现了万有引力定律。牛顿在他那著名的《自然哲学的数学原理》一书(1687)中以大量的数学证据表达了这个原理。他发现的这个根本的、宇宙的定律,既可以由数学予以证明,又能应用于整个宇宙和微小的物体。的确,自然界看起来就像一个庞大的机械装置,依照某些自然规律运行,能通过观察、实验、衡量、计算去加以确定。所有各门人类知识,似乎都能归结为有理性的人所能发现的少数简单而划一的规律。这样,牛顿物理学的分析法现在就开始被应用于整个的思想和知识领域。正如伏尔泰(1694—1778,法国讽刺家、哲学家、剧作家及历史学家)所说:"看来很奇怪,所有的行星都会依从永恒的规律;而一个小小的动物,高不过5英尺,居然能藐视这些规律,完全按照自己的意志,任意行为。"追寻这些决定人类事务的自然规律,就是法国革命之前的所谓启蒙运动的实质。

（四）化学革命，1770—1850

在18世纪初，没有堪与17世纪比拟的发现，主要的兴趣在于社会、政治和经济理论的形成。但在某些领域，由于应用实验的研究方法论，取得了一些值得注意的成果，例如在静电学、自然史、植物学、动物学、地理学等方面。

18世纪最后25年中，工业革命正在进行，它对英国、欧洲、最后是全世界的经济具有深刻影响。工业革命影响到科学革命，同时也受到科学革命的影响。在整个18世纪以及19世纪的一部分时间内，影响主要是单方面的，即从工业到科学。在最初，科学只对工业起辅助的作用。一个重要的例外是蒸汽机，它是技术天才与科学知识相结合的产物。

在19世纪上半叶科学进步最大的是化学，部分地由于它同纺织工业的密切关系，后者在这几十年中发展迅速。

最著名的化学家有法国的拉瓦锡（1743—1794），人称近代化学之始祖。他抛弃了传统的燃素（Phlogiston，在中古化学中，在未发现氧以前，燃素被认为是可燃物的主要成分）原理，而代之以平衡原理。他将以前化学中的混乱现象归结为元素组合定律。他的教科书《化学概念》（1789）提出的一套崭新的名词至今仍在应用。他将化学放置在一个坚实的科学基础之上，使他的后继者们知道自己正在做什么和向何处去。

19世纪的另一个重要进展，是有机化学的出现。

到第一次世界大战以前，德国的化学工业在世界上最为先进，它实际上垄断了全部合成染料。

在医药方面，法国化学家帕斯特（1822—1895）发展了病菌原理，发明了牛奶杀菌法和狂犬病预防接种法。医药上的进展具有深远的影响，导致人口的迅速增长，首先是在欧洲，然后是在全世界。

（五）生物学革命，1850—1914

正如牛顿由于发现了支配天体运行的规律而统治了 17 世纪的科学那样，英国博物学家达尔文由于发现了支配人类本身进化的规律而统治了 19 世纪的科学。然而进化的概念并非达尔文的新创造，它在科学的各个领域早已经被人阐释和应用，先行者有拉马克、华莱士（1823—1913）等。

达尔文的进化论我们已经在第二章作了介绍。

随着 19 世纪的消逝，科学变成了西方社会越来越重要的组成部分。在 19 世纪初，科学仍然只处在经济和社会生活的边缘。到 19 世纪末，科学已在对古老的工业部门作出贡献，它正在创立一些崭新的工业部门，从根本上改变工业的面貌。它正在深刻地影响着西方人的思维方式和生活方式。科学革命造成的这种变化，用千千万万种方式影响着西方世界。全世界人民都在体验着科学革命的历程，这是人类求知的一个光辉范例。

（六）当代科学的发展趋势

人类开发了科学，而科学又不断地完善人类自身。在科学发展过程中形成的科学精神和科学方法，改善着人的认识能力。20 世纪，特别是第二次世界大战以后，科学作为一种特殊的认识活动，在理论和思维方法上有了革命性的进展，对人的科学的世界观和方法论产生了重大影响。"当代科学技术发展形成的思维方式的特点是：从绝对走向相对；从单义性走向多义性；从精确走向模糊；从因果性走向偶然性；从确定走向不确定；从可逆性走向不可逆性；从定域论走向场论；从时空分离走向时空统一。这不仅使人类对客观过程认识更加深化和全面，而且把人们的认识水平提高到一个崭新的阶段。这些崭新的思维方式的迅速扩散，也使自然现象和社会现象之间的鸿沟日趋消失。"①

当代自然科学的基本问题有二：一是自然界各种物质的结构层次问题，有宇观、宏观、微观之分；大至总星系、星系图、太阳系、地球、月球，小至分子、原子、原子核、粒子。二是运动形式问题，有天体运动，机械运动，分解与化合等化学运动，电、磁、光、热等物理运动，遗传与变异等生命运动。结构分层次，运动要时间，这些不同的结构层次和运动形式在时空尺度上差别之大，会令人难以置信。因此，自然科学产生了不同的基础学科，如物理学、力学、化学、生物学、天文学、地学②、数学。在科学发展过程中，一直存在着科学不断分化与学科的交叉和综合两种趋势。结果，学科数量迅速增长，新学科不断出现。

当代自然科学的几个重大问题涉及从古至今人类不断追溯的自然奥秘，它们与人类的认识论和自然观等哲学问题密切相关，相互促进。这些问题是：③

①世界是物质的，但物质结构的层次如何？是否有基本的粒子？

②宇宙之大和粒子之微形成了物质世界的两个极端。究竟茫茫宇宙是怎样形成的？正在进行什么样的变化？粒子世界有无共同之处？

③地球是浩瀚星空中一个不平凡的星球，是人类栖息繁衍的处所。究竟这个由无机物和有机物共同组成的星球，它是如何诞生的？正在发生什么变化？其地圈、水圈、大气圈和生物圈彼此有什么关系？

④人为万物之灵，但生命的起源和本质如何？人类的智力是

---

① 宋健主编《现代科学技术基础知识》，1994年，第48页。
② 地学是研究地球内部、表层、海洋、大气的组成、结构、演化和运动的规律的科学。
③ 宋健主编《现代科学技术基础知识》，1994年，第66页。

如何产生、如何发展的？

人类的认识论和自然观随着科学的发展而不断进步，我们今天对种种复杂的自然和社会现象应该在新的基础上不断进行探索，得出新的结论。

发展到 20 世纪末叶，从认识论来说，当代科学的特征是：研究的完整性，研究对象的多学科性，各个学科的多对象性，科学研究的信息化，科学技术与人文社会科学的结合。

四、科学技术在中国

中国在人类历史上的首次生产力高峰中有过辉煌灿烂的时代。从公元前 3 世纪（秦汉）起，农业经济十分发达；到公元 7—12 世纪（唐、宋）科学文化博大精深；中国有造纸、火药、指南针、印刷术等重大发明。英国科技史学家李约瑟博士说："中国古代的发明和发现往往超过同时代的欧洲，这可以毫不费力地加以证明。""在 3—13 世纪，中国保持一个让西方人望尘莫及的科学知识水平。"（《中国科学技术史》）中华帝国的经济从秦汉到唐宋元各代所以经久不衰，就在于有科学技术作为基础。

降至明清两代，中国已从先进转为落后，而西欧国家则从 16 世纪起从封建时代进入资本主义时代，科学革命、工业革命、政治革命相继发生，结果在 19 世纪进而主宰全世界。而中国则始终保持手工业技术、农业经济和帝国政体，从 1840 年以后逐渐沦为半封建半殖民地社会。其主要原因之一，就是未能顺应世界潮流，掌握现代的科学技术。

为什么中国未能早日实行科学革命，这是一个尚有待深入研究的问题。有的人归咎于宋明理学，有的人则归咎于整个文化制度。韩国学者黄秉泰①曾分析中国、日本和韩国的儒学在应付现代化挑战中所走过的道路。他认为，宋明理学已与古典儒学不同；宋明理学在中国既不足以挽救明朝的灭亡，尤其无力抵御西方的侵略。理由是，它的文化普遍观念使民族主义无法兴起；它的宇宙整体论阻碍了科学经验主义对自然现象的研究；它的尊崇圣人美德和自然秩序的理想主义妨碍了实用的功利主义的发展。他说：

> 儒学文化遗产的传统精神和有机整体，被程朱理学所神圣化并且被反动的清代儒学所绝对化，曾经一直在中国的儒学中保持得完整无缺，直至这种遗产面临现代化的挑战的时候；事实证明它完全无力对付那种挑战，原因是它赞成超越国界的文化普遍观念之世界观，赞成那种把整个宇宙融合成为一个单一道德连续体的宇宙整体论之精神，并且赞成对诸圣人美德以及等级制度美德的自然秩序之理想主义的评价。中国儒学的文化普遍观念使现代的民族主义无法兴起，而这种主义却是现代民族国家的精神脊梁骨；中国儒学的宇宙整体论使人们认不清自然界的独立存在，并且阻碍了经验科学主义撇开道德世界专门研究自然现象的工作；中国儒学对诸圣人美德的理想主义的尊崇妨碍了实用的功利主义之发展；而且，中国儒学之自然的等级制度不利于平等的民主化之出现。假如没有科学的理智主义和实用的功利主义这些精神力量，以及民族主义和平等主义的社会环境，现代化就很难在中国社会上确保一片立足之地。②

---

① 黄秉泰曾任韩国驻中国大使，著有《儒学与现代化》，刘李胜等译，社会科学文献出版社，1995年。
② 黄秉泰《儒学与现代化》，第17页。

《四书道贯》也持有类似的见解:

> 孔子之教,心物并重。正心之功,始于格物。谓尽人之性乃能尽物之性。尽物之性乃能赞天地之化育。换言之,人文科学与自然科学,孔子视为同等重要。以言格物,则"博学、审问、慎思、明辨、笃行",与今日之科学研究与方法,完全符合。其对于为学之态度,则谓:"知之为知之,不知为不知,是知也。"显与科学求真求证之旨相合。以言治国,则谓"富之"先于"教之"。在农业社会中,竟提示百工之重要,称"来百工则财用足"。以言器物,则谓与人迥异,人贵经验,物贵新颖。故书曰:"人唯求旧。器非求旧,唯新。"以言生产,则谓"生之者众,食之者寡,为之者疾,用之者舒,则财恒是矣。"凡此皆所以昭示后人不可忽视物质方面之重要性,以及物质生产之贵乎丰裕与迅捷。以往中国在自然科学方面之贡献,并未尝后人。特别是自宋以后,学者不明中庸之道之真义,偏于心而忽于物,重渗释氏之学,益使加厉。其后西方对于自然科学,研究有得,工业猛进,而中国内则政治不良,外则受列强侵略,科学落后,工业不振,国力衰弱,沦胥于次殖民地之地位者,几达一世纪之久。今兹一旦觉醒,不惟不深自引咎,愧对先民,而反归咎于孔子之教,不亦惑且诬乎?[①]

剑桥中国史的作者认为清末推行的"自强"运动之所以不能收效,是由于中国当时总的学术气氛和根深蒂固的传统制度。

1840年以后,清政府在与西方强国的几次战争中失败,肩负重任的满汉官员根据切身体验,倡导"自强"运动,主张学习西方的技术,即枪炮、战舰乃至机器,并要求改革教育体制、科举

---

① 陈立夫《四书道贯》,台湾世界书局,1987年第18版,第764—765页。

制度和军队组织。他们的主张已在部分省区试行,然而总的来说,收效甚微。究其原因,剑桥中国史的作者作出了解释:

>那么,为什么这些建议没有获准在整个帝国推行,或至少在几个开始这样实行的省中贯彻呢?这回答应当与当时总的学术气氛和根深蒂固的传统制度的惰性有关。甚至在十九世纪六十年代动乱的十年中,深信需要西方技术的士大夫毕竟不多;而传统的文化准则的控制力量仍像过去那样强大。像科举考试和绿营军等制度不仅有广大既得利益集团支持,而且由于传统而获得了神圣不可侵犯的性质。现代化显然需要冲破文化制度的障碍。"[1]

其实科学技术在中国不发达的根本原因,恐怕还要从政治方面去找。

中华民国建立以后,出现了各派军阀、官吏、政客争权夺利的政治局面。在20世纪20年代,发生了"新文化运动",基本口号是"德先生"和"赛先生",即民主和科学,思想家们将攻击矛头直接指向封建时代的正统思想的代表孔子。"当封建主义在社会生活中占据支配地位的时候,提倡民主,反对独裁专制,提倡科学,反对迷信盲从,有着历史的进步意义。"[2]

从推翻清朝统治,到中国共产党成立,中间共隔十年。中国共产党领导全国人民,经过土地革命、抗日战争、解放战争,终于推翻了帝国主义、封建主义、官僚资本主义,建立了中华人民共和国。中国又走过了艰难曲折的道路,到1978年12月党的十一届三中全会以后,开创了社会主义现代化建设的新局面。全会公报指出,要"在自力更生的基础上积极发展同世界各国平等互

---

[1] J. K. 费正清编《剑桥中国晚清史(1800—1911)》上卷,中国社会科学院历史研究所编译室译,中国社会科学出版社,1985年,第557页。

[2] 胡绳《中国共产党的七十年》,中共党史出版社,1991年,第8页。

利的经济合作，努力采用世界先进技术和先进设备，并大力加强实现现代化所必需的科学和教育工作"。①这就提出了对外开放和重视科学与教育的方针。

早在1978年3月全国科学大会的开幕式上，邓小平即已指出："四个现代化，关键是科学技术的现代化。没有现代科学技术，就不可能建设现代农业、现代工业、现代国防。没有科学技术的高速度发展，也就不可能有国民经济的高速度发展。"②1988年9月12日，他又指出："马克思说过科学技术是生产力，事实证明这话讲得很对。依我看，科学技术是第一生产力。"③

其所以说科学技术是生产力，邓小平解释说：

> 大家知道生产力的基本因素是生产资料和劳动力。科学技术同生产资料和劳动力是什么关系呢？历史上的生产资料，都是同一定的科学技术相结合的；同样，历史上的劳动力，也都是掌握了一定的科学技术知识的劳动力。我们常说，人是生产力中最活跃的因素。这里讲的人，是指有一定的科学知识、生产经验和劳动技能来使用生产工具、实现物质资料生产的人。石器时代、青铜器时代、铁器时代、十七世纪、十八世纪、十九世纪，人们使用的生产工具，掌握的科学知识、生产经验和劳动技能，都大不相同。今天，由于现代科学技术的日新月异，生产设备的更新，生产工艺的变革，都非常迅速。许多产品，往往不要几年的时间就有新一代的产品来代替。劳动者只有具备较高的科学文化水平，丰富的生产经验，先进的劳动技能，才能在现代化的生产中发挥更大的作用。在我们的社会里，广大劳动者有高度的政治觉悟，

---

① 《中国共产党第十一届中央委员会第三次全体会议公报》，1978年12月22日通过。
② 《邓小平文选》第二卷，人民出版社，1994年，第86页。
③ 《邓小平文选》第三卷，人民出版社，1993年，第274页。

他们自觉地刻苦钻研，提高科学文化水平，从而必将在生产中创造出比资本主义更高的劳动生产率。①

邓小平在这里讲的是物质资料的生产，其实精神产品的生产也是一样，有赖于学习和参考现代的社会科学（包括经济科学、管理科学、政治和法律科学）、现代哲学以及其他人文科学。

人类通过求知，在认识程度上不断加深，在认识范围上不断扩大，因此认识能力日臻完善。人们总是在不断地求知，总是在不断地向着"无所不知"的目标前进，正如萧伯纳在《重获长生》中所说的，人类的使命就是追求无所不知和无所不能，这个追求是永无止境的。

其所以如此，因为人总是人，是人就有人性，人性就是需要，需要生存，需要发展。为了生存和发展，人就必须求知和创造，即恩格斯所说的"认识和正确运用自然规律"：

> 我们连同我们的肉、血和头脑都是属于自然界，存在于自然界的；我们对自然界的整个统治，是在于我们比其他一切动物强，能够认识和正确运用自然规律。②

---

① 《邓小平文选》第二卷，第88页。
② 恩格斯《自然辩证法》，载《马克思恩格斯选集》第三卷，人民出版社，1972年，第518页。

第七章　人性与创造

马斯洛、卡西尔、萧伯纳、贺麟等中外学者均认为创造是人的本性，尤其是萧伯纳在《重获长生》中还特别写道"你想象你所欲望的，你意愿你所想象的，最后你创造你所意愿的（You imagine what you desire, you will what you imagine; and at last you create what you will）"，这一点也从人类进化的历史中得到了确认。本章进一步阐明有关创造的理论，讨论近代人类历史上的一个创新典范——18世纪西欧的工业革命，并附1500年以来世界科技大事纪年。

一、有关创造的理论

人和一般动物的不同，在于他能认识世界，改造世界，创造自己的文明。我在这里介绍几种有关创造的理论，一是恩格斯的劳动创造人、创造世界的经典理论，二是卡西尔的劳作创造一切人类文化的理论，三是熊彼特的创新理论，四是中国古代的日新论。

（一）恩格斯的劳动创造人、创造世界的理论

恩格斯在《劳动在从猿到人转变过程中的作用》[①]一文中，提出了劳动创造人、创造世界的理论。根据这个理论，创造的过程可以分析如下。

（1）在几十万年以前，在热带某个地方，生活着一种高大发达的类人猿。它们由于生活方式的影响，使手攀援时从事和脚不同的活动，因而在平地行走时就开始摆脱用手帮助的习惯，渐渐直立行走。这就完成了从猿变到人的具有决定意义的一步。

（2）以后手和脚的运用有了某种分工，手愈来愈多地从事其他活动，如用来在攀援时攫取和拿住食物，用来在树林中筑巢，用来拿着木棒抵御敌人，或拿着果实或石块向敌人投掷。在几十万年中，类人猿逐渐学会了使自己的手适应于一些非常简单的动作。在人用手把第一块石头做成刀子以前，可能经过了很长的时间。

（3）此后手变得自由了，能够不断地获得新的技巧和较大的灵活性，并遗传下来，一代一代地增加着。手不仅是劳动的器官，它也是劳动的产物。由于劳动，由于和日新月异的动作相适应，由于这样引起的肌肉、韧带、骨骼的发展特别遗传下来，还由于遗传下来的灵巧性以愈来愈新的方式运用于新的愈来愈复杂的动作，人的手才达到高度的完善，产生了拉斐尔的绘画、托尔瓦德森的雕刻以及帕格尼尼的音乐。

（4）手仅仅是极其复杂的肌体的一个肢体。凡是有利于手的，也有利于手所服务的整个身体。根据达尔文所称的生长相关律，身体某一部分的形态的改变，总是引起其他部分的形态的改变。随着手的发展，随着劳动而开始的人对自然的统治，在每一个新

[①] 载《马克思恩格斯选集》第三卷，人民出版社，1972年，第508—522页。

的进展中扩大了人的眼界。他们在自然对象中不断地发现新的属性。同时，劳动促使成员紧密结合，以便互相帮助和共同协作。这时已经有些什么彼此非说不可的事情，于是口部器官逐渐学会了发出一个个清晰的音节，从而产生了语言。

（5）首先是劳动，然后是劳动和语言一起，成为两个最主要的推动力，使猿的脑髓逐渐变成人的脑髓。在脑髓进一步发展时。感觉器官也就进一步发展起来，两者同时不断地完善。

（6）脑髓和为它服务的器官，愈来愈清楚的意识，抽象能力和推理能力的发展，反过来对劳动和语言起作用，推动二者的进一步发展。这种发展，在人同猿最终分离时仍在大踏步地前进，虽然在不同的民族和不同的时代，在程度和方向上可能不同，有时甚至出现倒退。

（7）由于完全形成的人的出现，产生了新的因素——社会。人类社会区别于猿群的特征，就是劳动。猿群满足于把它们由于地理位置或抗拒附近猿群分得的地区内的食物吃光，然后进行迁徙和斗争，而且一切动物对食物非常浪费，因此不得不去适应和以往不同的食物，这样血液中就有了和过去不一样的成分，整个身体结构也渐渐变得不同。这样就有力地促进了从类人猿变成人。食物愈来愈复杂，输入身体内的材料也就愈来愈复杂，这些材料就是猿转变成人的化学条件。

（8）真正的劳动是从制造工具开始的。最古老的工具是打猎和捕鱼的工具，前者又是武器。打猎和捕鱼表明人从只食植物转变到同时也吃肉。肉类食物包含有为身体新陈代谢所必需的最重要的材料，这样就赢得了更多的材料和更多的精力来过真正动物的生活。这种形成中的人离植物界愈远，他超出动物界也就愈高。

肉类大大促进了正在形成中的人的体力和独立性，并且使脑髓得到远比过去更多为本身营养和发展所必需的材料，因而能一代比一代更迅速更完善地发展起来。肉类食物还引起了火的使用和动物的驯养。驯养开辟了新的更经常的食物来源，并提供了奶及奶制品一类新的食物，两种进步，直接成为人的新的解放手段。

（9）人不但学会了吃一切可吃的东西，而且也学会了在任何气候下生活。人分布在所有可以居住的地面上，他是唯一能独立自主地这样做的动物。

（10）由于手、发育器官和脑髓不仅在每个人身上、而且在社会中共同作用，人才有能力进行愈来愈复杂的活动，提出和达到愈来愈高的目的。劳动本身一代一代变得更加不同，更加完善和更加多方面。除打猎和畜牧外，又有了农业，以后又有了纺纱、织布、冶金、制陶器和航行。同商业和手工业一起，最后出现了艺术和科学，从部落发展成了民族和国家。法律和政治发展起来了，宗教（人的存在在人脑中幻想的反映）也发展起来了。

（11）在这些首先表现为头脑的产物并且似乎统治着人类社会的东西面前，由劳动的手所制造的较为简单的产品就退到了次要的地位。能计划如何劳动的头脑在社会发展初期阶段（如原始家族）已经是通过别人的手去执行，于是迅速前进的文明完全被归功于头脑，归功于脑髓的发展和活动；人们习惯于以自己的思维而不是以自己的需要来解释自己的行为，尽管这些需要还是反映在头脑中并被意识到。这样就产生了唯心主义的世界观，认不清劳动在人类产生和人类社会形成中所起的作用。

（12）人离开动物愈远，他们对自然界的作用就愈带有经过思考的、有计划的、向着一定的和事先知道的目标前进的特征。动物虽然也有从事计划的经过思考的行动的能力，但是它们都不能在自然界打下它们的意志的印记，这一点只有人才能做到。动物仅仅利用外部自然界，单纯地以自己的存在来使自然界改变；而人则通过他所作出的改变来使自然界为自己的目的服务，来支配自然界。这就是人同其他动物最后的本质的区分，而造成这一区别的还是劳动。

（二）卡西尔的劳作创造一切人类文化的理论

德国哲学家卡西尔认为人类的劳作"规定和划定了'人性'的圆周，语言、神话、宗教、艺术、科学、历史都是这种圆的组成部分和各个扇面"。他的创造理论可以综述如下。[①]

动物社会中有许多行为同人的作为不相上下，甚至高于人的作为，例如蜜蜂筑巢，就像出色的几何学家那样达到了最高的准确性和精确性。但在动物行为中，没有任何个体的差别，没有任何个体选择的自由或发挥个体能力的自由。只在动物生活的较高级阶段，才发生智力和技能方面的差别。然而后天特性是不能遗传的，人却发现了一种新的方法来巩固和传播他的成果，这种表达形式具有不朽性，这就是宗教、语言、艺术、科学，即整个人类文化。

在所有的人类活动中有一种基本的两极性，即稳定化和进化，或坚持固定不变的生活形式的倾向和打破这种僵化格式的倾向，前一种力图保存旧形式，后一种则力图产生新形式。在传统与改革、复制力与创造力之间，进行着永无休止的斗争。这种二元性可以在文化生活的所有领域中看到，不同的只是两对立因素的比例，有时是这一因素占优势，有时是那一因素占优势。这种优势在很大程度上决定了各种个别文化的特征，使之具有自己的特殊面貌。

---

① 恩斯特·卡西尔《人论》，甘阳译，上海译文出版社，1985年，第281—288页。

神话和原始宗教这两种文化现象是最保守的力量，稳定的倾向完全压倒了进化的倾向。神话是因循守旧的思想，把一切都追溯到一个遥远的过去。原始宗教为人的每一种行为、每一种感情规定了僵硬刻板、不容违反的规则，它不可能给个人思想留有余地。然而宗教史表明，即使在这里，也有一种朝相反方向的持续进展。它们给人类生活带来的禁忌逐渐放松了，最后失去了约束力，出现了新的动态形式的宗教，为道德和宗教生活开辟了新前景，个人的力量取得了对单纯稳定化力量的优势。

语言也是人类文化中最牢固的保守力量之一，不如此它就不能完成它的主要任务——信息交流。语言变化和语义变化并不仅是语言发展中的偶然特征，而是这种内在发展的必要条件。这种连续变化的主要原因之一是，语言必须由一代传给另一代。人在掌握语言的过程中，总是持一种能动的创造性的态度。在语言的变化中，明显地有两种不同的倾向存在：一种促使语言保持稳定，一种促使语言革新。二者处于完全平衡之中，均为语言生命力的不可缺少的成分和条件。

在艺术发展中，第二种因素——独创性、个别性、创造性的因素明显地压倒了第一种因素。当然即使在这里，传统仍然起着最重要的作用。没有一个诗人能创造全新的语言。然而，诗人却增添了一种新的生命。在这里，所有的普通语词都经历了某种变形。莎士比亚的每一行诗都具有独特的含义。伟大的诗人从来不重复同样的语言。莎士比亚笔下的角色都说着他自己的独一无二的不会使人弄错的话，这种个人的语言是一面反映个人灵魂的镜子。只有用这种方式，诗才能表达用所有其他方式不能表达的无数的细微区别和微妙的感情差异。

在艺术理论中，保守力量与艺术品所依靠的创造力量之间的差别总是被人感觉到和表现出来，总带有模仿说和灵感说之间的矛盾和斗争。然而，独创性是艺术的最显著的特点和与众不同之处。

在科学家的著作与艺术作品中，主观性与客观性、个体性与普遍性之间的关系确实不一样。科学思想的主要目的之一，就是要排除一切个人的和具有人的特点的成分。科学力图"按照宇宙的尺度"而不是"按照人的尺度"来看待世界（培根，《新工具》第1册，格言41）。科学家如果不严格地服从自然的事实就不可能达到他的目的，然而这种服从并不是被动的顺从。一切伟大的自然科学家，如伽利略、牛顿、爱因斯坦，都不是从事单纯的事实搜集，而是从事理论的工作，这就是创造性的工作。

这种自发性和创造性就是一切人类活动的核心所在。它是人的最高力量，同时也标示了人类世界的天然分界线。在语言、宗教、艺术、科学中、人所能做的不过是创造自己的宇宙——"一个使人类经验能够被理解和解释、联结和组织、综合化和普遍化的宇宙"（《人论》第280页）。

作为整体的人类文化，可以称之为人不断自我解放的历程。语言、宗教、艺术、科学是这一历程中的不同阶段。在所有这些阶段中，人都发现并且证实了一种新的力量——建设一个"人自己的世界"，一个"理想"世界的力量。这种统一性与单独性之间存在着尖锐的对立和深刻的矛盾。各种力量趋向不同的方向，遵循不同的原则，但是这种多样性和相异性并不意味着不一致或不和谐。"所有这些功能都是相辅相成的。每一种功能都开启了一个新的地平线，并且向我们展示了人性的一个新方面。不和谐者就是与它的自身相和谐；对立而并不是彼此排斥，而是相互依存：'对立造成和谐，正如六弦琴。'"（《人论》，第288页）

（三）熊彼特的创新理论

约瑟夫·熊彼特（1883—1950）是奥地利经济学家和社会学

家,美国哈佛大学经济学教授。他认为创造性的破坏过程是资本主义的本质现象,是走向社会主义的依据。他的创新理论见他所著《经济发展理论》①第二章,可以综述于下。

在资本主义制度下,企业家的创新者,是经济变革和发展的行动者。资本主义的产生和衰亡,均以企业家的作用为中心。为数不多的有天赋的企业家率先开拓新技术、新产品和新市场,从事创新。不久之后许多模仿者加入这个行列,他们在经济生活的长短周期中处于中心地位。经济发展包含间断性引入产品和生产手段的新结合;这种新结合从广义来说,包括新产品、新生产方法、开拓新市场、利用新原料以及经济部门的重新组合。"企业"一词的含义限于创造新结合,"企业家"的含义限于引进新结合的经济人物。企业家在一种不确定的世界中从事经营,勇于冒新风险,敢于逆社会潮流而上。经济发展的起伏,是由于新结合或创新会断断续续地,一组组一群群地出现。企业家的涌现完全是由于一个或几个企业家的出现所带动。这是经济周期走向高涨的唯一原因,经济下降则是由于模仿利润的份额减少,这一扩散过程完成后便达到新的均衡。创新导致周期性波动,波动长度决定于创新实现的特征和时期。创新的运用、投资过多和信用扩张过度三者相结合,使经济高涨达于顶点,随之而来的是经济衰退。衰退是经济调整的健康阶段,为未来创新的新突破铺平道路。熊彼特预言资本主义要衰亡,认为这不是经济崩溃,而是资本主义经济的成功,由此进入社会主义。

创造性的破坏过程是资本主义的本质性现象,意思是,资本主义的经济结构从内部不断发生变化,破坏旧的体制,创造一个新的体制,使资本主义向社会主义发展。熊彼特认为,从本质上

---

① 熊彼特《经济发展理论——对于利润、资本、信贷、利息和经济周期的考察》,何畏、易家详等译,商务印书馆,1990年。

说，资本主义是一种经济变革的形式或方法，它从来不是并且也永远不可能是一成不变的。企业家们时刻注视着生产要素的新组合，创造了生产和运输的新产品和新方法：启动和维持资本主义运行的基本动力就来源于此。创造性的破坏过程需要时间，因此必须从它的长期效果去判断。

20世纪80年代，美国、日本和西欧各国又一次经历了创造性的破坏过程。在新技术革命的基础上，许多旧的企业、体制和专业被淘汰了，新的产业组织和新的劳资关系涌现出来，导致经济中的私有部门和公共部门在数量和质量两方面均发生了重大变革：一方面，已经很大的企业又并吞其他企业，实现"外部"增长；另一方面，每天有新的小企业诞生，并且常常是由原来公司的前任经理创立的。熊彼特的理论特别重视经济中的供给方面，因而显示出创造性破坏对就业的影响以及对更广阔的经济增长和福利方面的影响。

（四）中国古代的日新论

《大学》一书开宗明义就说："大学之道，在明明德，在亲（新）民，在止于至善。"在"传之二章"解释了"新民"的意思："汤之盘铭曰：'苟日新，日日新，又日新。'《康诰》曰：'作新民。'《诗》曰：'周虽旧邦，其命维新。'是故君子无所不用其极。"这段话的意思是：商朝刻在洗澡盆上的格言说，一个人要像天天洗澡一样，在思想、学问、行为上天天创新，永不止息。《尚书·周书·康诰》中，载周公封文王之子康叔时所说的话中，有"作新民"之语。《诗经》说，周虽然是个旧国，却是新近承受天命；所以有志之士应当永远从事革新，做到日新月异。古代人的理想，《易经》说，"天行健，君子以自强不息"，有志之士应当像日月天天运行不止那样，自强不息，努力创新。

二、近代西欧的工业革命

人类经历了几千年的农业社会才进入工业社会。近代西欧的工业革命标志着人类改造环境和创新史上的重大胜利,它是人类发挥创造才能的一个光辉典范。

(一)工业革命的意义

人类的物质文明在过去的二百年中比在以往的五千年中变化更大。在18世纪的大部分时间里,西欧人的生活方式基本上和古代的埃及人与巴比伦人一样:使用相同的材料建造房屋,使用相同的兽类从事运输,使用相同的帆桨推进船舶,使用相同的纺织物裁剪衣服,使用相同的蜡烛火把提供照明。而今天,金属和塑料补充了木石;铁路、汽车、轮船、飞机代替了牛马和驴骡;蒸汽、石油和原子能代替了风和人力;一大批合成纤维同传统的棉毛丝麻竞争;电力代替了蜡烛,一按开关,就可以作多种用途。形成这种划时代转变的根源,部分在于上章所述的科学革命,部分在于工业革命(Industrial revolution,或译产业革命)。

严格说来,工业革命算不了革命,因为它不是突然发生又突然终止的:在18世纪以前,工业革命已在进行;时至今日,工业革命仍在继续。然而,事实依然是,在18世纪80年代,生产力确实发生了突破。具体说,创造了一种机械化的工厂系统,大量地生产货物,成本迅速递降,不再依靠现有的需求,而是能创造它自己的需求。汽车工业就是一个例子,可以说明这种现在很普遍而又是以往没有先例的现象。不是20世纪初原有的对汽车的需求创造了今天的巨大汽车工业,而是制造廉价汽车的能力刺激了现代对汽车的大量需求。

工业革命在世界历史上特别重要①，因为它给欧洲在 19 世纪统治世界提供了经济和军事基础。它也是 20 世纪发展中国家人民的主要奋斗目标。今天每一个新兴国家均在获得政治独立以后力图进而获得经济上的独立，其途径就是实现工业化。

工业革命为什么恰恰就在 18 世纪晚期发生，大部分要归因于欧洲在海外大扩张之后经济的巨大增长，这种增长普遍称为商业革命。商业革命使世界贸易的商品种类发生变化，使贸易数量显著增长。商业革命为欧洲工业提供了巨大的并且日益扩张的市场，特别是对那些生产纺织品、军火、五金器具、船舶及其附属用品的工业。为满足这些新市场的需要，各工业部门必须改良其组织和技术，例如制钉工业；还开发了一种包买商制（Putting-out system），随之产生了新的企业资本家和工场制度（The factory system）。商业资本也有助于提供巨额资本，最终产生了一种动态型和扩张型的社会，即资本主义社会。

工业革命为什么首先在英国发生？一是当时意大利、西班牙、荷兰已经衰落，法国在外贸方面落后于英国、人口又超过英国两倍，所以只剩下英国能发生工业革命。其次是因为英国在煤铁工业方面早已领先，又有更多的流动资金，并且集中了一群有才华的企业家。此外，由于基尔特的较早解体及农业圈地运动，使英国有大量的流动劳动力供应。因此，英国成为工业革命的发祥地，这也是英国 19 世纪能在世界上起主要作用的原因。

工业革命大致可分为两个阶段：1770—1870 年为第一阶段，1870—1914 年为第二阶段。

（二）工业革命第一阶段，1770—1870

工业革命不能仅仅归功于一小群发明家的天才。天才无疑地

---

① 参阅，例如，L.S. Stavrianos, The World Since 1500: A Global History, 2nd edition, Prentice-Hall, 1971, pp.206-240.

起了一定的作用,但更重要的是在18世纪晚期的英国,有一些有利的起作用的力量彼此结合起来。新发明所根据的许多原理,在工业革命以前几个世纪即已为人所知,但是由于缺乏激励,未能在工业中应用。例如,蒸汽力在受到希腊影响之后的埃及已经用来开关寺门,但只在后来英国才开发了商业上可行的蒸汽机。

在纺织工业中,导致发明的需求格局显而易见。它首先导致机械化,因为最初从印度进口的棉织品极受英国公众欢迎。1700年古老而有势力的毛纺利益集团促使议会通过法律,禁止棉布进口,但不禁止其制造。这就为本国工业创造了机会,企业中介人充分利用了它。问题是如何加快纺织,以满足受到保护的国内市场。当时使用的工具基本上和罗马人使用的相同,唯一的例外就是1733年获得专利的约翰·凯的"飞梭"。1754年伦敦成立了工艺、制造和商业促进会,为纺织机等具体成就提供奖金、奖章和其他奖励。

在这种有利的环境下,产生了一系列的发明。到1830年,棉纺织业已经彻底机械化。最重要的,有阿克莱特的水力机(1769年)、哈格里沃斯的珍妮纺纱机(1770)、克隆普顿的"骡机"(1779)。它们使纺纱加快到织布匠无法应付的地步。于是卡特莱特发明了一种动力织布机(1785),先用马力,1789年后改用蒸汽。它很笨拙,又很昂贵,经过不断改进,到19世纪20年代,动力织布机已取代了棉纺业中大部分的手工织匠。

正如棉纱业中的发明导致织布业中的平衡发明一样,一个工业中的发明也刺激了其他工业的平衡发明。新的棉纺织机器产生了对更多、更可靠的动力的需求,传统的水力和马力无法应付。大约在1702年纽可门曾制造一种原始的蒸汽机,被广泛应用来从煤矿抽水。但它消耗燃料太多,在经济中只适用于煤矿。1763年瓦特开始对纽可门的机器进行改进,他和制造商布尔顿组成一家合伙企业，后者供应资金。到 1800 年，当瓦特的专利权期满时，已有 500 台布尔顿—瓦特机在使用，其中 38%用于抽水，其余为纺织厂、铁厂、面粉厂及其他工业供应旋转动力。

蒸汽机在历史上的重要性无可比拟。它是控制和利用热能以为机器提供动力的方法，使人们不再依靠风力、水力和兽力。现在有了新的广大能源，不久又将开发地下蕴藏的其他化石燃料——石油和天然气。这样就导致 1971 年的局势：人均使用能量，与亚洲相比，西欧为 11.5 倍，北美为 29 倍。在一个经济和军事实力直接依存于能源供应的世界中，这些数字的意义十分明显。可以说，欧洲在 19 世纪统治全球，依赖于蒸汽机者比依赖于任何其他单一的发明或力量为多。

新的纺织机器和蒸汽机需要有日益增长的铁、钢和煤的供应，于是采矿和冶金工业中进行了一系列的改进。结果，到 1800 年，英国生产的煤和铁比全世界都要多。纺织、采矿、冶金工业的扩大，需要改善运输设施，以便运输体积庞大的煤和矿石，于是运河、公路、铁路相继建设，应用蒸汽机，有了汽船、火车。交通、通讯业也产生了革命，有了电报。人控制了时间和空间。过去靠车、马和船，在旅途要消耗许多时日。现在能通过轮船火车，横渡大陆，跨洋过海，可以用电报同全世界联系。

所有这一切成就，表明了工业革命第一阶段的影响和意义。它比罗马人和蒙古人在远远更大的程度上把地球统一起来，它使欧洲能统治地球，直至工业革命扩散到其他地区之时。

（三）工业革命第二阶段，1870—1914

18 世纪晚期开始的工业革命不断地持续到今天，将这种进步划分为时期是很勉强的。但是可以将 1870 年看作转变期，因为此时出现了两种重大发展：一是科学开始大大地影响工业，二是大规模生产技术得到完善和应用。

从科学对工业的影响来看，在冶金工业，有了柏塞麦炼钢法，西门斯—马丁炼钢法，基尔克顿斯—托马斯炼钢法，使从低级铁矿提炼高级钢的大量生产成为可能。动力供应进行了革命，驾驭了电力，发明了内燃机，两者主要使用煤油和汽油。发明了无线电，使交通、通讯有所转变。石油工业得到迅速发展，这是由于地质学家十分准确地找到了油田；由于化学家想出办法，能从原油提炼成各种汽油。科学对工业的影响的最明显的例子，是煤炭衍生物。除了提炼焦炭和煤气以外，它还提供一种流体——煤焦油。化学家在这种物质中发现了宝贵的东西，包括上百种染料、一系列的其他副产品，如阿司匹灵、冬青油、糖精、杀菌剂、通便剂、香料、摄影化学品、高性能炸药、橙花精油。

其次是大规模生产技术的开发。美国在这一领域领先，就像德国由于发展了化学工业而在科学领域领先一样。美国在这些方面有些有利条件：原料的丰富储藏量；本国和欧洲资本的充分供应；廉价移民劳工的不断涌进；大规模的国内市场。美国开发了国内市场，人口迅速增长，生活水平不断提高。美国开发了两种主要的大规模生产方法：一是标准化的可以互换的零部件的制造；二是用最小量的手工劳动，将这些零部件装配成最后的产品。

科学和大规模生产方法，既影响了工业，又影响了农业。在农业方面，科学的应用也是德国领先，大规模生产方法的应用也是美国领先。

在19世纪，工业革命逐渐从英国扩散到欧洲大陆，甚至扩散到全球其他地区。到1914年，作为工业革命发祥地的英国不仅面临着可怕的竞争，而且在事实上已为德国和美国所超越。

（四）工业革命的影响

工业革命对欧洲的影响，一是工业资本主义的兴起，二是人口的增长，三是城市化，四是财富的增加，五是财富分配的两极化和阶级矛盾的加剧。

工业革命对欧洲以外地区的影响是，（1）对亚洲非洲美洲的扩张——1763年以前，欧洲列强在亚非两洲只有少数几个落脚点，它们的主要据点是在南北美洲。1763年以后，它们已对大部分亚洲和几乎整个非洲树立了政治上的控制权。在南北美洲，它们做得更多。利用其人口的相对稀少，它们使之真正欧洲化了，而这是它们在亚非两洲办不到的，那里，本地居民太多，而且文化高度发达。但在南北美洲，尤其是在澳大利亚，在种族、经济、文化各方面，欧洲人亲自移植了自己的文明。（2）帝国主义的侵略——一般在19世纪晚期，欧洲的巨大扩张称为新帝国主义。在开头，欧洲征服者自然进行了掠夺，并索取贡赋。随后，欧洲的动态经济就开始用各种方法来掌握和改造殖民地的经济和社会结构，因为工业化的欧洲需要有原料来源、商品市场和过剩资本的投资场所。以印度为例，英国向印度输出了大量的纺织品和资本，后者主要用来建设铁路。印度不必开发自己的经济，增加出口，它的早期的经济发展，是由与英国的联系所刺激的。但印度经济同时也受到扭曲，最终陷入窒息。英国纺织品物美价廉，通过铁路系统运销印度全国，毁灭了印度的工匠，就像在一世纪前毁灭英国的纺织匠一样。英国工匠可以去到工厂工作，而印度工匠则无处可去。英国人不想在印度建立一种与自己竞争的工业结构。这就深刻地影响了印度人民，不但工匠失业，农民也受到影响，他们中间许多人生产黄麻及其他商品，供应英国工厂，成为世界经济的一部分，卷入了它的波动和危机的漩涡。英国人还引进了医药科学及卫生措施，使印度人口大大增长。欧洲也发生了同样的事情，但它所增长的人口可以去到城市或海外，而印度人则不能，结果是人口增加阻碍了经济发展。

印度的实例可以说明帝国主义对殖民地和附属国的影响，尽管各地具体情况可能有所不同。这种格局我们应牢记心头，因为它说明了为什么今天地球上有发达国家和不发达国家之分，为什么两个世界的生活水准差别如此之大，为什么不发达国家获得政治独立以后的主要目标就是变成发达国家，尽快地达到西方国家的经济水平。

（五）科学技术发展的新阶段

第二次世界大战以后，人类的创造力有了新的成就，科学技术经历了五次革命：第一个十年，释放和利用了原子能，进入人类开始利用核能的新时代。第二个十年，发射人造地球卫星成功，人类开始摆脱地球引力，向外层空间进军。第三个十年，重组DNA的实验获得成功，人类开始可以控制遗传和生命过程。第四个十年，微处理机大量生产，广泛应用，人类开始扩大大脑能力。第五个十年，以软件开发及其大规模产业化为标志，人类进入信息革命的新时代。21世纪的曙光已出现在地平线上。

科技的飞跃发展给全人类的未来带来了光明，也带来了黑暗。它为创造人类的幸福提供了空前未有的能力，同时也使人类有能力毁灭地球上的一切。这就需要我们充分认识人性的真面目，建立起良好的社会制度，使人性的善的趋向得到发扬，使人性的恶的趋向受到抑制或转移方向，同时也要加强对个人的教育以及个人自己的修养，每一个人都要认真解剖自己，克制自己，使自己身上的善的趋势得到发扬，恶的趋势受到抑制或转移方向。

中国共产党在第十四届五中全会所通过的《关于制定国民经济和社会发展"九五"计划和2010年远景目标的建议》（1995年9月28日）中提出了九条指导方针，第三条就是"实施科教兴国战略，促进科技、教育与经济紧密结合"。因为"科学技术是第一生产力，教育是基础，实施科教兴国政策是历史的必然选择"。

三、1500年以来科技大事纪年[1]

16 世纪

 1509　　　　　彼得·亨勒（纽伦堡）发明表

 约 1525　　　马铃薯从南美传入欧洲

 1543　　　　　哥白尼《天体运行论》出版

 1559　　　　　烟草首次传入欧洲

17 世纪

 1609　　　　　荷兰发明望远镜

 1610 前后　　欧洲科学革命开始：开普勒（1571—1610）、培根（1561—1626）、伽利略（1564—1642）、笛卡儿（1596—1650）

 1620　　　　　欧洲第一份周报出版（阿姆斯特丹）

 1687　　　　　伊萨克·牛顿地球引力定理

 1690　　　　　约翰·洛克的《人类悟性论》出版

18 世纪

 1709　　　　　亚拉伯罕·达比发现生产生铁的焦炭冶炼技术（英国）

 1770 前后　　欧洲科学和技术的进展：哈里逊的航行表（1762），瓦特的蒸汽机（1769），阿克赖特的水力精纺机（1769）

 1776　　　　　亚当·斯密（1723—1790）《国富论》出版

 1798　　　　　马尔萨斯发表《人口论》

---

[1] 根据《泰晤士报世界历史地图集》中文版翻译组，《世界史便览（公元前 9000 年—公元 1975 年的世界）》，1983 年，三联书店。

19世纪

1812	赛林德发明的印刷机被《泰晤士报》采用（英国）
1825	第一条客车铁路：斯托克顿至达林顿（英国）
1833	制定第一个工场法（英国）
1834	第一部机械收割机取得专利权（美国）
1836	后膛枪发明（普鲁士），使从后膛填装弹药成为可能
1837	皮特曼发明速记
1838	第一部电报机发明（英国）
1840	第一张邮票（英国）
1848	马克思（1818—1883）和恩格斯（1820—1895）《共产党宣言》发表
1856	酸性转炉法（贝氏转炉法）使钢大量生产
1859	达尔文《物种起源》出版
1859	开钻第一口石油井（美国宾夕法尼亚）
1861	帕斯特发展病菌原理
1863	第一条地下铁路（伦敦）
1867	马克思《资本论》（第一卷）出版
1869	第一条横越大陆铁路完成（美国）
1874	第一部电车（纽约）
1876	贝尔取得电话专利权（美国）
1878	第一个街灯（伦敦）
1878	第一艘油船建成（俄国）
1882	第一个水电厂建立（美国威斯康星）

	1884	马克沁机枪完成
	约1885	戴姆勒和本茨最先制造汽车（德国）
	1888	邓洛普发明充气轮胎
	1895	伦琴发现X射线（德国）
	1895	马可尼发明无线电（意大利）
	1895	第一次公开上映电影（法国）
	1898	皮埃尔·居里和玛丽·居里发现放射现象和绝缘镭（法国）
	1900	普朗克开发量子论（德国）
	1900	弗罗伊德的《释梦》：心理分析开始（奥地利）
20世纪		
	1903	汽油动力飞机第一次飞行成功（美国莱特兄弟）
	1905	爱因斯坦《相对论》发表（德国）
	1910	塑料开发
	1913	亨利·福特开发了生产T型汽车的集合传动带（美国底特律）
	1917	第一次使用密集队形坦克（康布雷战役）
	1919	拉瑟福德（1871—1937）分裂原子（英国）
	1919	第一次飞渡大西洋（阿尔科克和布朗）
	1920	第一次普遍范围的无线电广播（美国和英国）
	1927	有声电影出现，大制片家涌现：卓别林（1889—1977），迪斯尼（1901—1966）

第七章　人性与创造

1936	凯恩斯《就业、利息和货币通论》出版
1936	第一次正式向公众传播电视（英国）
1937	喷气引擎第一次试验（英国）
1939	盘尼西林发明（英国）
1942	弗米建造第一个核反应堆（英国）
1945	原子弹第一次爆炸（美国）
1946	第一部电子计算机制成（美国）
1948	晶体管发明（美国）
1951	第一座核电站（美国和英国）
1952	口服避孕药丸产生（美国）
1957	发射第一颗空间人造卫星（苏联）
1961	人第一次进入空间：加加林（苏联）
1961	脱氧核糖核酸分子构造（遗传信息）被认定（英国）
1969	人第一次登上月球：阿姆斯特朗（美国）

下 编

人性与社会

下

人類과 社會

第八章 人性与政治制度

亚里士多德将人定义为"社会动物",有人认为这不全面。当然,没有人能够离开社会,鲁滨逊在荒岛上的18年只不过是笛福笔下的虚构。[①]然而,人又具有独立性,所以产生了人与人之间、人与集体之间的关系问题。罗素认为,人不是完全合群的,像蜜蜂和蚂蚁那样;也不是完全孤独的,像老虎和狮子那样:人是半合群的动物。[②]

卡西尔认为,社会性本身不是人的唯一特性,也不是人独有的特性。在蜜蜂和蚂蚁中,有明确的劳动分工和复杂的社会组织。但在人类中,不仅有像动物那样的行动社会,还有一个思想和情感的社会,语言、神话、宗教、艺术和科学就是这种高级社会的组成部分。[③]

人与人、人与集体的关系,可以从政治、经济和伦理道德三个方面去观察。

政治关系中的核心问题是权力分配问题。没有国家权力就不

---

① 英国小说家丹尼尔·笛福(1660—1731)《鲁滨逊漂流记》,1719年。
② Bertrand Russell, Human Society in Ethics and Politics, p.16.
③ 卡西尔《人论》,第282页。

能保证国家安全,维护社会秩序,然而权力又常被滥用,因此产生了保卫人民权利的问题。经济关系中的核心问题是收入分配问题。分配不公平会产生贫富悬殊,使社会向两极分化,而平均分配又会损害工作效率,阻碍经济增长。迄今为止,人类在解决这两个问题方面,还是只能靠试试碰碰(Trial and error),因此经常出现顾此失彼,畸轻畸重的现象。

从人性的角度来看,优良的政治和经济制度应达到三个标准:能够满足社会上每个人生存、发展、求知、创造这四项基本需要,能够发扬人性中善的倾向,能够抑制、调节或转移人性中恶的倾向。政治制度和经济制度上的不足,往往有赖于伦理道德来弥补,通过教化来扬善抑恶,在正的一方面,提倡仁义礼智;在反的一方面,抑制、调节和转移恶的欲望、冲动和情感。

本编三章,分别讨论人性与政治制度、人性与经济制度、人性与伦理道德问题。

国家的三要素是土地、人民、主权,缺一就不成其为国家。主权是最高无上的权力,对内要求绝对服从,对外要求受到尊重。

国家经历了一个发展的过程。在主权不属于全体人民的漫长时期内,权力的运用方式,或为神权政治,政府与宗教不分;或为君权政治,托言"天生烝民,作之君,作之师";或误认为劳心劳力之分,所谓"劳心者治人,劳力者治于人";或用来保障私有财产,作为一个阶级压迫另一个阶级的工具,总之是极少数人高踞绝大多数人头上,作威作福,黎民处于受压迫受剥削的地位,长期陷入水深火热之中。

经过近代西欧资产阶级的政治革命,才有了主权属于全体人民的学说,有了代议制、宪法和公民的自由平等。社会主义不同于资本主义,然而在政治制度方面,仍然有国家、有主权、有宪法。

在实践上，由于种种原因，权力分配是不平等的，有权者常常滥用权力，享有充分人权一直是各国人民追求的理想，人权问题成为当代国际政治中的重大问题之一。

从心理学亦即从人性的角度来研究政治制度，是古今中外学者的共同倾向。孟子从人性本善出发，主张实行仁政；韩非从人性的好利出发，主张实行法治；罗素认为在政治上最重要的欲望，除了基本生活需要之外，就是贪欲、竞争、虚荣心和权力欲，四者永远得不到满足。健全的政治制度应能保证有充分发扬人性的善的趋向的余地，限制、调节和转移人性的恶的或可能致恶的倾向。我们只谈限制和调节，因为这些倾向如贪欲、竞争、虚荣心和权力欲在经济发展中还起着重要的不可替代的作用，详见下章。

本章首先讨论人性对政治的影响，之后介绍近代西欧的政治革命和现代国家的理论基础，说明权力如何从统治者向全体人民转移，进而讨论权力在实际上的分配不平等，末了归到人权问题。可以看出，权力分配问题是人类政治关系中的两难问题。

一、人性与政治

（一）心理学与政治

从心理学的角度来研究政治，就是从人性来研究政治，因为心理学的研究对象就是人性。张春兴说：①

> 以物理学与心理学两学科的研究相比较；物理学所研究者为物性的变化，心理学所研究者为人性的变化。两者之目的，同样旨在探求变化的原理原则；俾供以后对类似的或一般的情形，能在事先预测与控制，使其变化的方向较为有利。

---

① 《现代心理学（现代人研究自身的科学）》，上海人民出版社，1994年，第7页。

中国古代孟子从恻隐之心提出仁政，韩非从好利之心提出法治，都是从人的行为动机来研究政治。

恩格斯指出，"人们最卑劣的动机和情欲"即"卑劣的贪欲"是文明时代的动力，而国家就是文明时代的概括。他说：①

……文明时代是社会发展的一个阶段，在这个阶段上，分工，由分工而产生的个人之间的交换，以及把这两个过程结合起来的商品生产，得到了充分的发展，完全改变了先前的整个社会。（第170页）

文明时代所由以开始的商品生产阶段，在经济上有下列特征：（1）出现了金属货币，从而出现了货币资本、利息和高利贷；（2）出现了作为生产者之间的中介阶级的商人；（3）出现了土地私有制和抵押制；（4）出现了作为占统治地位的生产形式的奴隶劳动。与文明时代相适应并随着它而彻底确立了自己的统治地位的家庭形式是一夫一妻制、男子对妇女的统治，以及作为社会经济单位的个体家庭。国家是文明社会的概括，它在一切典型的时期毫无例外地都是统治阶级的国家，并且在一切场合在本质上都是镇压被压迫被剥削阶级的机器。此外，文明时代还有如下的特征：一方面，是把城市和乡村的对立作为整个社会分工的基础固定下来；另一方面，是实行所有者甚至在死后也能够据以处理自己财产的遗嘱制度。（第172—173页）

以这些制度为基础的文明时代，完成了古代氏族社会完全做不到的事情。但是，它是用激起人们的最卑劣的动机和情欲，并且以损害人们的其他一切秉赋为代价而使之变本加厉的办法来完成这些事情的。卑劣的贪欲是文明时代从它存

---

① 《家庭、私有制和国家的起源》，载《马克思恩格斯选集》第四卷。

在的第一日起直至今日的动力；财富，财富，第三还是财富，——不是社会的财富，而是这个微不足道的单个的个人的财富，这就是文明时代唯一的、具有决定意义的目的。①

（第173页，着重号是本书作者加的）

我们在第一章已经提到，英国政治学家詹姆斯·蒲莱士在1921年明白提出，必须从人性来研究政治制度。

英国政治学教授格雷厄姆·华莱士最早在1908年出版了《政治中的人性》一书（商务印书馆1995年出版了中译本），将心理学应用于政治，主张政治学应研究人的行为。他认为在政治中人往往是在冲动和本能的刺激下行事，大多数人的大多数见解并不是经得起经验检验的推理的结果，而是受习惯支配的无意识或半无意识的推理的结果；人性是由理性及非理性两种因素构成的，而传统的政治理论却大都强调人是理性的动物。

罗素在1954年出版的《伦理学和政治学中的人类社会》一书中说，现在关于政治学与政治理论的讨论，对心理学注意得很不够。经济事实、人口统计、宪法机构等等，都有详细的记载，要找出朝鲜战争开始时北朝鲜有多少人口、南朝鲜有多少人口，毫无困难。如果你翻阅有关的书籍，你就能确定它们的人均收入是多少，它们各自的军队有多少。但是如果你想要知道朝鲜人究竟是怎样一种人，北朝鲜人和南朝鲜人是否有任何重大的差别；两国人各自想要从人生得到什么，什么是使他们感到不满的事情，他们的希望是什么，他们的恐惧是什么；一句话，如果你想要知道他们的行为动机是什么，你从参考资料中就找不到答案。因此，你说不出南朝鲜人对联合国组织是否热心，他们是否愿意同北朝鲜的同胞们统一起来。你也猜不出，他们是否愿意放弃土地改革，

---

① 以上见《马克思恩格斯选集》第四卷，第170、172、173页。

去换取为了一个素不相识的政治家而投他一票的权利。正是由于身居遥远异国首都的大人物忽视了这样的问题，才造成了如此频繁地令人不满的局面。如果要使政治学成为一门科学，如果要使逐日发生的事件不致经常令人感到震惊，那就必须使我们的政治思维更加深入人类行为的动机中去。饥饿对口号标语的影响如何？随着你一日三餐吸收热量的增减，标语口号的作用有什么变化？如果一个人给你民主政治，另一个给你一袋粮食，你在什么饥饿状态下宁愿要粮食而不要选票？政治学对这些问题考虑得太少了。（第159—160页）

（二）罗素论在政治上的重要欲望[①]

罗素认为，所有人类的活动，都是由欲望或冲动引起的。有些道德家提出了一个完全错误的理论，认为为了责任或者道德原则，可以抵制欲望。但是，除非人有想要尽责任的欲望，否则，单是提倡责任心是不会对他产生影响的。如果你想知道人们将要做什么，你就必须知道他们的一系列的欲望，而不仅是（或主要是）他们的客观环境。

罗素认为在政治上重要的欲望可以分为两类。最基本的一类是生活必需品：食、衣、住。当这些东西变得越来越稀缺时，为了获得它们而做出的努力是没有限度的，人们为了希望获得它们而表现出来的暴力行为也是没有限度的。据最早的历史学家们说，阿拉伯半岛发生的四次旱灾，迫使该地区居民逃往四周的地区，在政治上、文化上和宗教上产生了巨大的影响。最后一次造成了伊斯兰教的兴起。日尔曼人部落从俄国南部逐渐分布到英格兰，从英格兰又逐渐分布到旧金山，也出于相同的动机。毫无疑问，获得食物的欲望过去是、现在仍然是重大政治事件的主要原因

[①] Bertrand Russell, Human Society in Ethics and Politics, Part II, Ch.2.

之一。

但是人和其他动物在一个非常重要的方面有所不同，那就是他们的有些欲望是无限的，永远得不到满足，即使在天堂里，也会使他们不得安宁。这就是在政治上重要的第二类欲望，其中有四种特别重要。

首先是贪欲（Acquisitiveness），即贪得无厌，想要拥有尽可能多的财富。这种动机可能是由于恐惧与对生活必需品的欲望的结合。罗素曾经收留了从爱沙尼亚的一次饥荒中死里逃生的两个小女孩，她们当然有了足够的食物，但是她们在闲暇之时总是在窥伺邻人的农场，偷马铃薯私自藏下来。美国的煤油大王洛克菲勒幼年时经历了极度的贫困，后来以同样的方式度过了他的一生。阿拉伯的酋长们躺在拜占廷的丝椅上仍然不能忘怀沙漠，贮存起远远超过满足任何物质需要的财富。不管对贪欲怎样进行心理分析，没有人能否认它是巨大的动机之一，特别是在有势力的人中间，因为它是没有限度的动机之一。不管你已经得到多少，你总是想要得到更多，满足总是一场空梦。

其次是竞争（Competition），或曰争胜（Rivalry）。贪欲虽然是资本主义社会的主要动力，在人们战胜了饥饿之后它却不是最主要的动机。竞争才是最强大的动机。在伊斯兰教的历史中一再出现了这样的局面：各个朝代陷入困境，是因为苏丹的各房妻子所出的儿子们意见不一，结果在内战中同归于尽。同样的事情也发生在现代欧洲。当英国政府极不明智地让德皇（威廉第二）出席在斯皮赫德举行的一次海军检阅时，他心中涌现的是出乎人们意料的念头："我必须拥有像我外祖母（维多利亚女王）所有的那样一支海军。"从此产生了以后英国的麻烦。如果贪欲总是比争胜强，世界会比它在实际上的状况更为幸福。然而事实是，许许多多的人并不恐惧贫乏，只要因此而能使竞争对手完全毁灭。这就出现了目前的课税水平。

第三是虚荣心（Vanity），它是一种具有极大能量的动机。任何同儿童打过交道的人，都知道他们经常做鬼脸，说："看我!""看我"是人性最根本的欲望之一。它可以采取无数的形式，从做滑稽动作到追求死后的名声。文艺复兴时代有一位意大利的幼年君主，在他临终时牧师问他有什么要忏悔的。他说："有一件事。有一次，罗马皇帝和教皇同时来看我。我带他们到我的宝塔顶端去观看风景，我忽视了把他们两个全推下去的机会，否则一定会使我的名声永不磨灭。"牧师是否给他赦罪，历史没有记载。虚荣心的麻烦之一，就是它一得到满足就膨胀起来。你越被人称道，你就越想被人称道。让一个被判了刑的杀人犯看报纸上对他的审判的记录，如果他发现有一家报纸报道得不够充分，他就会怒形于色。他发现其他报纸报道他越多，他对那家只是轻描淡写的报纸就越感愤怒。政治家和文人墨客的情况亦是如此。他们越出名，剪报社就发现越难使他们感到满足。在整个人类生活中，虚荣心的影响是无法形容的，从三岁小孩到一皱眉头就会使全世界战栗的统治者。人类甚至犯下了把相似的欲望归诸上帝的大不敬之罪，认为他也是贪图不断赞扬的。

第四是权力欲（Love of power）。尽管上述各种动机影响巨大，而权力欲则超过了它们。权力欲酷似虚荣心，但两者决不是一个东西。虚荣心需要用光荣（Glory）来满足，很容易获得没有权力的光荣。在美国获得最大光荣的是电影明星，但是不享受任何光荣的非美活动委员会却能使之服服贴贴。在英国，国王的光荣多于首相，但首相的权力大于国王。许多人爱好光荣胜于权力，但是整个说来，他们比起爱好权力甚于光荣的人来，对于历史的进程影响较小。当1814年普鲁士元帅布鲁克看到拿破仑的宫殿时，他说："一个人拥有这一切而还要去觊觎莫斯科，岂不是一个傻子。"拿破仑肯定不是没有虚荣心的,但当他必须作出抉择时,宁要权力。对布鲁克来说,这个选择似乎是愚蠢的。权力也像虚荣心一样,是无法充分满足的。除非能做到无所不能,否则不能使之完全满足。由于精力充沛的人特别有爱好权力的毛病,权力欲释放的能量和它出现的次数是不成比例的。它的确是重要人物生命中最强大的动机。

对权力的爱好由于享受权力的经验而大为增进。在1914年以前的好时光里,豪富的太太们能雇得起一大群仆役,她们对家务行使权力的快乐随着年龄而与日俱增。同样,在任何专制政体下,随着体验权力行使所能提供的快乐,权力拥有者变得越来越专横。由于对人的权力表现在让他们去做他们所不愿做的事情上,所以为权力欲所促动的人多半会对人施加痛楚而不是让人获得快乐。如果你在某种合理的场合向你的上司请假离开办公室,他的权力欲会从不准假比从准假得到更大的满足。如果你申请建筑许可证,主管的小官员显然会从说"不可以"比从说"可以"得到更大的快乐。正是这一类事情,使权力欲成为危险的动机。

现在再来看其他的动机,虽然不及上述四种带根本性,却仍然在政治上具有很大的重要意义。

首先是"爱好刺激"(Love of excitement)。人类优于其他动物,是他们具有厌烦的能力。经验表明,逃避厌烦,几乎是尽人皆有的强有力的欲望。酗酒、赛马、大选、足球赛,均可提供出路。爱好刺激的根本原因,极其不易确定。可能是由于人类的心灵构造还是狩猎时期的产物,那时既无时间、亦无精力使人感到厌烦。进入农业社会以后,男人让妻子从事田间的繁重劳动,自己就可以想这想那了。我们的心灵构造,只适合于从事非常繁重的体力劳动的生活。人类如果想要生存下去,就必须想出其他的办法,为产生厌烦的没有用光的体力找到无害的出路。

爱好刺激之所以严重，是因为它的许多形式具有破坏性。对于不能抗拒过多的饮酒和赌博的人来说，它有破坏性。当其采取群众暴动的形式时，它有破坏性。尤其是当它导致战争时，它更有破坏性。这是一种如此深沉的需要，除非无害的出路近在咫尺，否则它会寻找上述各种有害的出路。无害的出路有体育运动，有政治——只要它保持在宪法的范围之内。然而这些都不够，特别是当最有刺激性的政治同时也是最有害的政治之时。文明生活变得太乏味了，必须为我们的往昔从狩猎中得到满足的那种冲动提供无害的出路。在澳大利亚，人口稀少，兔子繁多，整个居民用熟练的技巧，屠杀成千上万的兔子，用这种原始的方式来满足这种原始的冲动。但在伦敦和纽约那样的大都市，人口多，兔子少，就得另想办法。每个大城市应当有人工瀑布，人们可以乘不容易撞碎的独木舟顺流而下；也可以设置充满机械鲨鱼的浴池，发现了任何主张先发制人的侵略战的人，就罚他每天两小时去和这些精巧的怪物盘桓，更重要的是，必须竭尽全力去为爱好刺激提供建设性的出路。出界上没有比突然的发现或发明的时刻更有刺激性的了，世界上有比我们有时所想的远远更多的人，他们都能经验这样的时刻。

其次，同许多其他政治动机交织在一起的，还有两种密切相关的激情，都是人类常有的，这就是恐惧（Fear）和仇恨（Hate）。仇恨我们所恐惧的东西是正常的事；恐惧我们所仇恨的东西也是常见的事，虽然并不总是如此。原始的人对于他们所不熟悉的东西既恐惧又仇恨，可以说是一条规律。他们有自己的人群，最初人数很少。在人群之内，个个是朋友。其他的人群是潜在的或实际的敌人，倘若其中有人偶然误入自己的人群，就会被杀死。对于整个一个陌生的人群，或者躲避，或与之战斗，视情况而定。正是这种原始的机制，仍然控制着我们对外国人的本能反应。完全没有外出旅游过的人，看待所有的外国人就像野蛮人看待另一个人群的成员一样。但是，有过旅行经验或研究过国际政治的人就会发现，如果自己的人群要能繁衍，就得在某种程度上和其他的人群混合在一起。我们爱那些恨我们的敌人的人；如果我们没有仇敌，那我们要爱的人就很少了。然而人们不仅对其他的人是如此，对待大自然也是如此，土壤提供的产量很少，必须与之战斗，视之如仇敌。克服恐惧有两个办法：一是减少外部危险；二是培养克制感情的忍耐力，使自己的思想离开恐惧的根源。在今天的世界政治中，克服恐惧至关重要：恐惧导致战争，恐惧促使人们仇恨共产党人。

以上所谈的似乎都是坏的动机，至少是在伦理上不好不坏的动机。它们的确比利他的动机更为强大有力。不能否认，存在着利他的动机，在某些场合还很有效果，如在19世纪初的英国和后来在美国的反对奴隶制运动。同情心（Sympathy）是一种纯粹的动机，有些人在有些时候会因有些其他的人受难而感到不舒服。正是由于同情心，在过去一百年中有了许多人道主义的进步；如对待疯人、对待犯人、对待孤儿、对待禽兽。人类未来的最大希望，或许就在于找到增加同情心的范围和强度的途径。

罗素在分析了政治上的重要欲望以后，得出结论说，政治涉及的是人群而不是个人，因此政治上重要的激情是某一人群中各种成员同样感受到的激情。政治大厦必须建立在它上面的广泛的本能机制，是人群内部的合作和对待其他人群的敌意。人群内部的合作从来不是完全的。有些成员并不遵从，他们是在群体之外。这些成员就是落到普通水平以下或升到普通水平以上的人。他们是白痴、罪犯或先知先觉者、发明家。一个聪明的人群，应当学会对超越平均水平以上的人的古怪性表示宽容，对落在平均水平以下的人则用少到不能再少的残暴去对待。

至于对其他人群的关系，现代技术造成了自利（Self-interest）与本能之间的冲突。在古代，两个部落作战，一个消灭另一个，占有其土地。从胜利者来看，整个作业是完全令人满意的。杀戮并不费钱，刺激令人兴奋，因此战争继续不断。很不幸，这种适于原始战术的情绪今天仍然存在，而实际的战争作业却已完全改变。在现代战争中，不但杀戮敌人极其费钱，而且可能使人类同归于尽。如果人们是在自利的促动之下行事，整个人类就会合作；然而除了圣哲之外，他们并不是这样。如果是的话，就不会有战争，不会有军备竞赛，不会有宣传大军，不会有边境的庞大检查队伍，不会有海关壁垒。如果人们渴望自己的幸福也像他们渴望邻人的灾难一样的热烈，这些情况很快就会出现。因此，使全世界幸福所要做的事情就是智力（Intelligence）的培育，而已知的教育方法是可以达到这个目的的。

二、近代西欧的政治革命

欧洲之所以能在 19 世纪统治全世界，不仅是基于它的科学革命和工业革命，而且也是基于它的政治革命，二者是互相联系的。通过政治革命，资产阶级取得了政权。

工业革命始于英国，然后扩展到欧洲大陆和美国，最后普及全世界。政治革命也是一样，17 世纪先在美国发生，通过美国革命和法国革命进一步发展，然后在 19 世纪影响整个欧洲，最后在 20 世纪影响整个世界。工业革命是政治革命的基础，因为它产生了新的阶级——资产阶级和无产阶级，这两个阶级具有新的本身利益，以及与这种利益相适应的意识形态。简单地追溯一下这一革命的过程，就可以看得很清楚。①

在中古初期，欧洲有三大阶级：（1）贵族——他们组成军事的贵族政府；（2）僧侣——他们形成教会的和知识的精英；（3）农民——他们从事劳动，养活两个上层阶级。随着商业的发展，出现了一个新的社会因素——城市资产阶级。当这一阶级在财富和人数上日益增长时，他们越来越不满意封建制度下的特权以及阻挠自由市场经济发展的数不清的限制。国王从资产阶级获得了支持，从而能向贵族和僧侣施展自己的权威；资产阶级也从王权统治之下的法律和秩序的建立获得了好处。这一联盟一直维持到不断壮大的资产阶级感到不方便为止，此时他们起来反对国王，使自己摆脱王权对商业的束缚，摆脱日益沉重的税收负担，摆脱对宗教自由的限制。在英国、美国和法国的革命中，这些目标都是重要的因素。这几次革命的成功，也意味着自由主义的胜利。自由主义是为资产阶级的利益和目标提供合理论据的一种新的意识形态，可以定义为：自由主义是日益壮大的资产阶级提出来，为取得它所要争取的各种利益以及它所要达成的那种控制的口号。

资产阶级，连同它的自由主义学说，又受到城市工人或无产阶级的挑战。他们越来越感觉到，自己的利益和雇主们的利益并不是一致的，自己的处境只有通过联合起来采取行动才能得到改善。于是工人们以及领导他们的知识分子创立了一种新的意识形态——社会主义。社会主义把矛头直接指向自由主义，要求进行社会的、经济的和政治的改革。在19世纪晚期的欧洲事务中，以及在20世纪的世界事务中，社会主义变成了一种重要的力量。

欧洲政治革命不仅受到自由主义和社会主义两种信仰的推

---

① 参阅，例如 L.S. Stavrianos, The World Since 1500: A Global History, 2nd edition, Prentice-Hall, 1971, pp. 241-278.

第八章 人性与政治制度

动,而且也受到民族主义的推动。这是一种超越阶级的鼓动各国人民大众的思想意识。传统上各地人民只效忠于某一地区的君主或只效忠于教会,在现代初期,推及新的民族君主。但从英国革命起,特别是在法国革命中,越来越多的欧洲人为新的民族事业献出忠心。民族教会、民族朝代、民族军队和民族教育制度的兴起,全有助于将过去公爵领地臣民、封建农奴和城市公民纳入无所不包的民族之中。19世纪这一新的民族意识形态从其发源地西欧推广到了整个欧洲大陆,在20世纪它是全世界旧殖民地人民觉醒的推动力量。

这三种信仰——自由主义、社会主义、民族主义,就是欧洲政治革命的主要组成部分。它们使欧洲各国人民的日益广大的阶层行动起来,给予他们以地球上任何其他地区所无法比拟的活力和凝聚力。同样,政治革命也同科学革命和技术革命一样,为欧洲的世界霸权地位作出了重大贡献。当欧洲人开始在海外扩张时,他们所遇到的社会是统治者与被统治者之间毫无和谐可言的社会。那里的人民大众对政府的漠不关心,说明了为什么欧洲人能在一个接一个的地区势如破竹地建立和维持他们的统治,印度就是最显著的例子。但是欧洲的政治和经济统治不可避免地意味着欧洲政治思想的扩散。就像整个地球感到了斯蒂芬生的蒸汽机车、福尔顿的轮船和格林的机关枪的影响一样,它也感到了《独立宣言》、《人权宣言》和《共产党宣言》的影响。作为20世纪特征的全世界范围的大震荡,就是这些令人振奋的文件的直接结果。

三、现代国家的理论基础

所谓国家理论,有资产阶级的国家理论和无产阶级的国家理论。

（一）资产阶级的国家理论

资产阶级的国家理论，可以分为宣言和学说两大类。

（1）宣言

《美国独立宣言》（1776）说：

> 我们认为这些真理是不证自明的：所有的人在被创造出来以后就是平等的；他们由造物主赋予一定的不可剥夺的权利；这些权利中有生命、自由、追求幸福；各级政府是为确保这些权利而建立的，它们从被统治者的同意中获得自己的权力。

《法国国民议会通过的人权宣言》（1791）说：

> 人在自己的权利方面是生而平等并一直平等的。
>
> 政治社会的目的，在于确保人的自然的和不可侵犯的权利。这些权利是自由、财产、安全和反抗压迫。
>
> 一切主权实质上属于全国人民的原则。任何团体、任何个人都不能行使不是从主权产生的任何权威。
>
> 所有公民均有权亲自、或通过他们的代表制定法律。既然在法律面前人人平等，所有公民就全都可以平等享受尊严（Dignity）、地位（Post）及担任公职。
>
> 没有一个人应当由于他的意见、甚至是宗教方面的意见而受到骚扰。

（2）学说

英国政治学家蒲莱士认为，除上述宣言以外，还有一些思想家根据人类的实际经验，提出了一些论点，作为现代国家的基本原则，其中有一些可以作为人所共知的例子提出来。

> 自由是个好东西，因为它能发展个人的品格，有助于社会的福祉。当一个人或少数人统治其他的人时，被统治者肯定会怨恨受人控制并起而反抗，从而扰乱普遍的和平。没有

人好到足以将不受限制的权力付托给他;除非他是一个圣人,否则他肯定会滥用权力(或者即使他是圣人,他也会滥用权力)。

假定两个人比一个人更能判断什么是共同利益(Public good),那么三个人就会更聪明些,如此类推。因此有权发表意见的成员人数越多,社会作出的决定就可能越正确(假定其他条件相等)。

个人可能有自私的、甚至是有害于社会的目的,但是这些目的会受到社会中具有不同目的的其他成员的制约。这样,各个个人的只考虑自己的目的就会互相抵消,而社会大多数成员想要追求的共同目的就会占优势。

由于每个人在社会的福利中都有一些利益,他自己的个人利益至少有一部分是和社会利益相连的,所以每一个人就有动机要去承担对它的管理的责任;只要他的个人动机不与社会福利发生冲突,他将设法去承担这种责任。

不平等由于引起嫉妒和羡慕而产生不满。不满会扰乱社会的和谐,产生斗争。因此,政治上的平等既能因有才能的人有提供良好的服务的机会而有益于社会,又能保持和平的良好的秩序。

总之,由全体人民主持的政府能保证所有一切政府的两个主要目的——公正和幸福。公正,因为没有哪一个人或阶级或集团将强大到足以欺负他人。幸福,因为每一个人最能判断什么是对他自己有利的事情,并将有一切机会去追求它。自由和平等的原则之所以可贵,从它们所造成的效果可以得到证明。[①]

---

① James Bryce, Modern Democracies, vol. 1, pp. 49-50.

可见，资产阶级国家标榜的原则就是自由和平等。应当对这两个概念进行比较深入的分析。

（1）自由的概念

蒲莱士认为，有四种自由：

①公民自由——公民在人身和财产方面免于控制的自由。

②宗教自由——公民在表达宗教意见和从事礼拜方面免于控制的自由。

③政治自由——公民有权参与社会的管理。

④个人自由——在不明显地影响到社会的福利因而不必要进行控制的事情方面免受控制的自由。

（2）平等的概念

蒲莱士认为，有五种不同类型的平等：

①公民平等——所有公民在私法领域中均有同等的地位。全体公民在人身、财产和家庭关系方面均有受到保护的同等权利，均有为了受到保护而向法院起诉的权利。在两个多世纪以前，很少国家能够看到这种平等，但现今是一切文明社会的规则（有一些无关紧要的例外）。

②政治平等——所有公民均能参与社会的政府管理，并能在它的文武官员中担任一切职位，自然受到年龄、教育或有无犯罪行为等规定的限制。在采用普遍选举权的国家现在均有这种平等。

③社会平等——这是一件比较模糊的事情，意思是在不同的等级或阶级之间并没有由法律或习惯作出的正式区分，例如，有进入其他人不许进入的地方之权。有时这一名词还推广到表明不从身份或财富方面来重视或轻视任何人的那种社会状况。

以上这三种平等是人所共知的，而前两种是可以由法律规定的。

④自然平等——生而具有相同五官的一切人在出生之后业已

存在、或似乎业已存在的相同之处。每一个人都光着身子来到世界上，拥有（如其是一个正常的生物）相同的生理器官，并假定具有相同的生理能力、欲望和感情。在若干天或若干星期内，在一个孩子与另一个孩子间在这些方面看不出有什么差别。所有的人看来都是一样，假定在这个世界上都拥有相同的权利和在今生与来世获得幸福的同等希望，因为全都拥有在上帝眼中具有相同价值的灵魂。这就是《美国独立宣言》中所说的"所有的人都是生而自由和平等的"。

蒲莱士认为，当婴儿成长时，内在的、然而以前没有发现的差别就显露出来了。有些人身体强壮，意志坚强，勤奋，聪明；有些人身体孱弱，意志消沉，懒惰，愚蠢。当达到成年时，有些人充当工人、思想家、发明家或军人，为社会服务；有些人则成为社会的负担，只适于不大需要精力或技巧的行业。这样，所谓自然平等变成了不平等，这很显然是自然的，因为这些由于自然赋予某些人而不赋予其他人的才能有所不同。人类在艺术、科学、文学和每一种形式的思想中的进步，都是由于少数人的努力，他们具有超出普通人的天赋聪明才智，这一事实说明了一切。自然不平等曾经是并将继续是人类社会的最明显、最有效的因素之一。使作为事实的不平等和作为理论的自然平等协调起来，是每一个政治家必须解决的主要问题之一。

⑤经济平等——通过将世间财富分配给每一个人相同的一份，以消灭财富中的差异。这就产生了自然平等原则或情感与自然不平等事实之间的最尖锐的冲突。蒲莱士认为，经济平等不是什么新概念，但它永远只不过是一个概念，一种在事实上无法实现的想象。在原始的野蛮社会，所有的财富只不过是一张鹿皮或一件武器，经济平等可能有过。但当发明了新工具去满足新需要从而使生活变得文明时，智力、体力、一味的勤勉和自我克制使

其拥有者能比同伴获得并拥有更多的东西。由于这些品质,生活的艺术有了进步,使所有的人都能获得更大的舒适感。如果在一个新年元旦将所有的财产平分,第二个新年元旦就会发现有些人富,有些人穷。忽视生产能力的不同,不是顺应自然,而是违反自然。

蒲莱士所论述的人民的自由和平等是重要的,但实质上是为有产者的利益服务的;就无产者和穷苦人民大众来说,还有更为重要的基本权利,那就是生存权和发展权,这也就是人的基本需要。他对自然平等和经济平等的看法,没有考虑到社会政治经济制度的影响与教育的作用,也失之于偏颇。

(二)无产阶级的国家理论

关于国家的理论基础,马克思主义者有不同的看法,也体现在宣言和学说中。

(1)宣言

《共产党宣言》(1848)说:[①]

> 到目前为止的一切社会的历史都是阶级斗争的历史。(第250页)

> 但是,我们的时代,资产阶级时代,却有一个特点:它使阶级对立简单化了。整个社会日益分裂为两大敌对的阵营,分裂为两大相互直接对立的阶级:资产阶级和无产阶级。(第251页)

> 现代资产阶级本身是一个长期发展过程的产物。

> 资产阶级的这种发展的每一个阶段,都有相应的政治上的成就伴随着。

> 它在现代的代议制国家里夺得了独占的政治统治。现代的国家政权不过是管理整个资产阶级的共同事务的委员会罢

[①] 马克思恩格斯《共产党宣言》,载《马克思恩格斯选集》第一卷,人民出版社,1972年,第228—286页。

了。(以上第252—253页)

资产阶级在它的不到一百年的阶级统治中所创造的生产力,比过去一切世代创造的全部生产力还要多,还要大。(第256页)

资产阶级赖以形成的生产资料和交换手段,是在封建社会里造成的。在这些生产资料和交换手段发展的一定阶段上,封建社会的生产和交换在其中进行的关系,封建的农业和工业组织,一句话,封建的所有制关系,就不再适应已经发展的生产力了。这种关系已经在阻碍生产而不是促进生产了。它变成了束缚生产的桎梏。它必须被打破,而且果然被打破了。(第256页)

起而代之的是自由竞争以及与自由竞争相适应的社会制度和政治制度、资产阶级的经济统治和政治统治。(第256页)

现在,我们眼前又进行着类似的运动……社会所拥有的生产力已经不能再促进资产阶级文明和资产阶级所有制关系的发展;相反,生产力已经强大到这种关系所不能适应的地步,它已经受到这种关系的阻碍;而它一着手克服这种障碍,就使整个资产阶级社会陷入混乱,就使资产阶级所有制的存在受到威胁。(第256—257页)

资产阶级用来推翻封建制度的武器,现在却对准资产阶级自己了。(第257页)

资产阶级不仅锻造了置自身于死地的武器;它还产生了将要运用这种武器的人——现代的工人,即无产者。(第257页)

共产党人的最近目的是和其他一切无产阶级政党的最近目的一样的:使无产阶级形成为阶级,推翻资产阶级的统治,

由无产阶级夺取政权。(第264页)

(2) 学说

恩格斯在《家庭、私有制和国家的起源》(1884)①一书中，对无产阶级的国家理论做出了比较详细的论述。

国家在氏族制度的废墟上兴起有三种主要形式。(a) 雅典是最纯粹、最典型的形式，国家是直接地和主要地从氏族本身内部发展起来的阶级对立中产生的。(b) 在罗马，氏族社会变成了闭关自守的贵族；贵族周围有人数众多的平民，他们处在这一社会之外，没有权利只有义务；平民的胜利炸毁了旧的氏族制度，建立了国家。(c) 在战胜了罗马帝国的德意志人中间，国家是作为征服外国广大领土的直接结果产生的。

> 可见……国家是社会在一定发展阶段上的产物；国家是表示：这个社会陷入了不可解决的自我矛盾，分裂为不可调和的对立面而又无力摆脱这些对立面。而为了使这些对立面，这些经济利益互相冲突的阶级，不致在无谓的斗争中把自己和社会消灭，就需要有一种表面上驾于社会之上的力量，这种力量应当缓和冲突，把冲突保持在"秩序"的范围以内；这种从社会中产生而又自居于社会之上并且日益同社会脱离的力量，就是国家。(第166页)

由于国家是从控制阶级对立的需要中产生的，同时又是在这些阶级的冲突中产生的，所以，它照例是最强大的、在经济上占统治地位的阶级的国家，这个阶级借助于国家而在政治上也成为占统治地位的阶级，因而获得了镇压和剥削被压迫阶级的新手段。因此，古代的国家首先是奴隶主用来镇压奴隶的国家，封建国家是贵族用来镇压农奴和依附农的机

---

① 恩格斯《家庭、私有制和国家的起源》，载《马克思恩格斯选集》第四卷，1972年，第1—175页。

关，现代的代议制的国家是资本剥削雇佣劳动的工具。但也例外地有这样的时期，那时互相斗争的各阶级达到了这样势均力敌的地步，以致国家权力作为表面上的调停人而暂时得到了对于两个阶级的某种独立性。（第168页）

　　国家并不是从来就有的。……随着阶级的消失，国家也不可避免地要消失。（第170页）

四、权力分配的不平等

现代国家都有一部宪法，规定主权属于全体人民，同时规定政府权力的根据和范围，以及人民的权利和义务，一方面防止权力的被僭越、被滥用，一方面防止权利的被剥夺、被忽视。然而，尽管有宪法的煌煌明文，权力分配在实际上仍然是不平等的。蒲莱士说："凡是对立法机关和行政机关的事务处理有过几年经验的人都会注意到，世界是由极少数的人统治着的，一切形式的政府都是如此，不过程度不同而已。"[①]如果人们发现到处都有同一种现象，那么它显然是由相同的原因产生的。造成权力分配不平等的原因大概有四种：（1）权力有集中于少数人手中的自然趋势。（2）私有财产制度的影响。（3）新技术发明的影响。（4）收入分配的影响。

（一）权力自然集中的趋势

蒲莱士认为，权力有集中于少数人手中的自然趋势，这可以从三个方面去说明。[②]

（1）组织问题

要达到任何一个目的，均必须有一种组织，而组织就意味着，

---

① James Bryce, Modern Democracies, vol. 2, p. 594.
② James Bryce, Modern Democracies, vol. 2, pp. 594-604.

每一个人必须有他的特定职能和责任，所有担负不同职能的人都必须在统一指挥下协同行动，这种合作必须由少数司令人员的指挥来表达和保证。指挥人员的职能就是监督整个行动领域，向各组官员发布命令。由不受控制的群众投票来统治一个国家，就好比由不明情况的股东投票来管理一条铁路，或由旅客投票来确定行驶中的轮船的航程一样。特别是在一个大国，政府的巨大规模和日益增长的复杂性，使得分工、服从、协调和集中指挥权力对于提高效率比以往更为重要。

（2）态度问题

绝大多数公民对于公共事务一般不愿劳神费力；除了最重要的事情以外，他们宁愿将其交给少数人去处理。普通人在其个人生活的各个方面感到兴趣的事情，大体上是依照下列顺序：

首先是赖以谋生的职业，不论他欢喜与否。这是头等重要的大事。

第二是家务，他的家庭，亲戚和朋友。

第三是宗教信仰或礼拜（现今只限于某些国家）。

第四是娱乐和个人爱好，不论是为了感官方面的享受，还是为了智力方面的享受。

第五才是他对社会的公民责任。

不同的人对这五种兴趣的先后顺序自然可以有所不同。有些人将第四种置于第二种之上，有些人忽视第一种，以致成为社会的负担。但有一个共同的特点，就是第五种的地位最低，对某些国家的半数公民来说，根本就不存在。

即使是对自己社区的福利感到一些兴趣的公民，有些人由于懒惰，有些人由于自己感到缺乏知识，而不去研究政治问题。因此，那些进行思考的人，那些迅速将思想变为行动的人，不可避免地会领导其他的人。卢梭归诸统治的"共同意志"（《社会契约论》），必然是先从两三个人的意志开始，然后向外扩散的。

（3）能力问题

蒲莱士认为人的自然能力是不平等的。只有少数的人具有对政治问题不断进行思考所需要的能力或知识；其中一些人却漠不关心或十分懒惰，把政治抛在一边，因为他们对其他的事情更感兴趣，自己就只是在选举时去投一票而已。因此，领导权就自然落到精力充沛而又勇敢的人手中，特别是当他们还具有雄辩能力之时。他们变成了少数的统治者。这种寡头政治是自然的和无可避免的政府形式。全体公民的直接统治从来没有过，也不可能有。服从的倾向至少是同独立意识一般强大，并且散布得更普遍。

那么，民主政治变成了什么呢？给多数人还留下什么呢？蒲莱士认为有三种权利和职能，而这些都是自由政府的重要力量：

①人民虽然不能选择和指导行政所使用的手段，他们却能规定目的，所以政府虽然不是民治的（By the people），却可能是民享的（For the people）。人民宣布，政府的目的是为了全社会的利益，而不是为了任何特殊的一部分人的福利。

②人民将达成此目的的手段委托给自己选举出来去实现此目的的人。

③人民监督这些选举出来的公民，以确保其不致滥用委托给他们的权威。

可是，大众权利虽然决定政府的性质和活动范围，在实际上却常常是否定性或阻止性的，而不是肯定性的。人民可以很容易地拒绝向他们提议的方针，而不是自己去提出更好的方针。在上述三种职能中，最重要的和最困难的是第二种，即选择领导人。

（二）私有财产制对权力分配的影响

根据蒲莱士对"政治中的金钱权力"的分析①，在资本主义国家中，私有财产所有权对政治可以产生直接的和间接的影响。

（1）直接的方式——贿赂和贪污

只要私有财产存在，就会有富人随时准备行贿，同时也会有其他的人，包括富人和穷人，随时准备受贿，进行钱权交易。"爱好金钱是一切罪恶的根源"。这在所有一切形式的政府底下均是如此，古今中外，概莫能外。

金钱和权力对政府施展的影响，在这样的国家特别可怕：在那里，既存在巨额财富，又存在由国家的各个机关给予或不给予这种财富的机会。在金钱施展权力的许多形式中，贪污腐化虽然只是其中的一种，却是最明显最直接的。"贪污腐化"（Corruption）可以定义为，运用金钱，通过犯罪的或者至少是不合法的政治手段，以达到私人目的的一切方式；这些方式引诱负有公共责任的人员去违反这种责任，滥用赋予他们的职权。有四类对公众负有责任的人，可能被引诱走上邪路：选民，国会议员，行政人员，司法人员。

（2）间接的方式，亦即隐蔽的方式

除了上述在政治中运用金钱力量的明显的非法方式以外，还有其他不良方式，旨在扭曲公民根据自己的思想和意志去自发采取的行动，从而给予富人以不应有的好处，因为这种好处是从财富得来，而不是从为社会服务的任何能力得来的。这种隐蔽方式最重要的有三种。

①捐赠和滥用选举经费

在权力由人民的选举所赋予的国家，政党和候选人的主要努

---

① James Bryce, Modern Democracies, vol. 2, pp. 523-535.

力是在赢得选举。选举是费钱的。各种利益集团可以通过对政党和候选人捐赠经费，随后取得回报。另一方面，金钱可以合法地用在选举上面；如果滥用金钱，富有的候选人和拥有庞大选举基金的政党就会得到好处。各国对选举经费开支虽有规定，但不能禁止候选人对本选区内的慈善事业或文化娱乐团体给予捐助，以"抚育选区"（Nursing the constituency）。

②院外活动

多方说服国会议员，使之投票赞成或否决某一议案，而这一议案是会使某些利益集团获得利益或蒙受损失的。在院外活动中虽然不能进行贿赂，但可以用各种方式进行说服。

③制造公众舆论

一群有特殊工商计划或阶级利益的富人，可以为了自己的计划或利益，发动一场宣传运动，或通过出版（如发行小册子或书籍），通过影响或收买报纸，或通过广播与电视台，向公众灌输大量的事实或论据，为推行自己的计划或实现自己的利益张目。或帮助某一个政党，它的头头已经私下答应支持这些计划。

以上所述，只是财富能在政治中施展影响的少数几种。中国古语"有钱能使鬼推磨"，可以概括一切。

（三）新技术发明对权力分配的影响

罗素认为，人类智力开发的新技术，总是由少数人所垄断，从而造成权力分配的不平等[1]。

人类有激情，也有智力。激情决定人们所追求的目的，智力则帮助人们找到达成这种目的的手段。智力有两种形式，即远见和技能。智力，尤其是技能的增长，是增加还是减少了人类的幸福呢？

---

[1] Bertrand Russell, Human Society in Ethics and Politics, pp. 20, 184-186.

既然所有的技术均在发现更容易的办法去满足我们的欲望,那么技术的增长自然会减轻劳动,使满足需要的道路更加平坦。然而事实上人类历史的进程并非如此。新技术在开头并不是由所有的人平等享有的财产。它们几乎总是由少数人垄断,少数人利用它来增加自己对其他人的控制。其结果是,少数人获利,大多数人更加受制于少数人的权力。

农业革命使耕者被束缚在小块土地上,更易受人奴役,产生奴隶制或农奴制,使土地耕者的生活比游牧时代更不自由,更不幸福。产生了用人献祭、妇女的屈从以及从古埃及王朝至罗马衰落时的专制王朝。

远见产生了政府和军队,二者建立了有利于财产拥有者的财产权,使之能过着豪华的生活,而人口的大多数则比原始的时代工作得更苦些,得到的报酬更少些。

工业和科学革命以后,同样的过程到处重演。在资本主义初期,在英、法、德以及后来的俄、中、日,劳动条件是极端残酷的。最大的灾难是加剧了战争,使人类面临毁灭的边缘,其他的灾难还有自然资源的枯竭,政府对个人创造性的摧残。

看来似乎矛盾的是,每一种"节约劳动"的发明都增加了劳动时间,降低了为同一劳动所支付的工资。这种不幸的结果,到处都是由于权力分配的不平均。这些罪恶只有一个救济办法,那就是使社会的权力分配更加平均。

其次,由于新技术的发展,产生了另一件坏事。大多数奋发图强的人都具有强烈的权力冲动,在原始的食物采集的社会,其活动范围是有限的。随着人类社会组织的扩大,权力冲动的活动范围也就日益扩大,爱好权力的个人就像爱好刺激的野蛮人一样,得到酒精的大量供应,整个部落也就随之毁灭。这就是为什么在高度组织的社会中要有详细的人权规定,为什么民主政治变得很重要。

今天权力冲动的最重要的形式是竞争。当人们仅用戈矛作战时,各部落间可以导致强者完全取胜,达成适者生存。但是随着战争技术的进步,就产生了人类濒临毁灭的危险。

(四)收入分配对权力分配的影响

现代国家的收入分配是极不平等的(详见下章)。大多数人不得不接受现有的政治经济制度的存在,为衣食住而奔忙,没有能力去捍卫自己的权利。

近代欧洲政治革命是由新兴资产阶级发动的,他们拥有雄厚的资财,可以同贵族、僧侣阶级进行斗争,来捍卫自己的权利。新兴资产阶级国家以保护私有财产权和雇佣劳动制为基础,虽然在宪法上将主权归诸人民,但是人民除了投票之外,别无他法去影响政府的行动,若要捍卫自己的权利,便须向司法机关提起诉讼,高昂的费用,旷日持久的过程,是大多数人无法承受的。因此只有忍气吞声,听凭他人摆布,正所谓"人为刀俎,我为鱼肉"。

因此,尽管现代国家都有一部规定权力分配的宪法,在事实上却是权力分配的不平等。

五、人权问题

由于权力分配不平等,人民权利得不到保障,所以产生了人权问题。我国第一次人权白皮书[①]称:

> 享有充分的人权,是长期以来人类追求的理想。从第一次提出"人权"这个伟大的名词后,多少世纪以来,各国人民为争取人权作出了不懈的努力,取得了重大的成果。但是,

---

[①] 国务院新闻办公室《中国的人权状况》,1991年11月。

就世界范围来说，现代社会还没有能使人们达到享有充分的人权这一崇高的目标。这也就是为什么无数仁人志士仍矢志不渝地要为此而努力奋斗的原因。

又说：

> 当前，人权已成为国际社会普遍关心的重大问题之一。联合国通过的有关人权的宣言和一些公约，受到许多国家的拥护和尊重。中国政府对《世界人权宣言》也给予了高度评价，认为它作为第一个人权问题的国际文件，为国际人权领域的实践奠定了基础。

（一）联合国人权宣言

《世界人权宣言》是联合国大会1948年12月10日通过并宣布"作为所有人民和所有国家努力实现的共同标准"，每个个人和每个社会机构均应努力提倡尊重这些权利和自由，并使之获得普遍有效的承认和遵守。宣言分序言和30条，规定了全世界各地区所有男女都应不受任何歧视而享有的人权和基本自由。[①]

> 公民权利和政治权利包括：生命、自由和人身安全的权利；免于沦为奴隶和不受奴役；不得加以酷刑，或施行残忍的、不人道的或侮辱性的待遇或刑罚；在法律面前人格受到承认的权利；享受法律的平等保护；享有有效的司法补救方法的权利；不得任意逮捕、拘禁或放逐；由独立而无偏倚的法庭进行公正和公开的审判的权利；在未经证实有罪以前应被推定为无罪的权利。
>
> 其他公民权利和政治权利有：不得任意干涉私生活、家庭、住宅或通信；迁徙的自由；寻求庇护的权利；享有国籍的权利；婚姻和成立家庭的权利；拥有财产的权利；思想、

---

① 联合国新闻部编《联合国手册》第9版，中国对外翻译出版公司，1981年，第253—254页。

良心和宗教的自由；意见和表达意见的自由；集会结社的自由；参与治理国家的权利和平等机会担任公职的权利。

经济、社会和文化权利包括：享受社会保障的权利；工作、休息和闲暇的权利；享受维持健康和福利所需的生活水准的权利；受教育的权利；参加社会的文化生活的权利。

最后几条承认，人人有权要求一种这些权利和自由得以充分实现的社会和国际秩序，并强调个人对社会负有的责任和义务。①

关于人权的国际公约共有两项：一项是"关于经济、社会和文化权利的公约"，另一项是"关于公民和政治权利的公约"——在各有35个国家批准或加入之后3个月，于1976年生效。两项公约是联合国大会于1966年12月16日一致通过的。中国已于1997年签署前一项公约，1998年签署第二项公约。

（二）中国的人权事业

继第一次人权白皮书之后，中国于1995年12月又发表了第二次的人权白皮书②。综合这两个文件，可以概见中国在人权问题上的基本立场和实际行动。

（1）立场方面

①中国政府高度评价《世界人权宣言》，认为它为国际人权领域的实践奠定了基础。

②认为人权状况的发展受到各国历史、社会、经济、文化等条件的制约，是一个历史的发展过程。由于各国的历史背景、社会制度、文化传统、经济发展的状况有巨大差异，因而对人权的认识往往不一致，对人权的实施也各有不同。对于联合国通过的一些公约，各国基于本国的情况，态度也不尽一致。

---

① 以上见《联合国手册》第9版，中国对外翻译出版公司，1981年，第253—254页。
② 国务院新闻办公室《中国人权事业的发展》，1995年12月。

③人权问题虽然有其国际性的一面,但主要是一个国家主权范围内的问题。因此,观察一个国家的人权状况,不能割断该国的历史,不能脱离该国的国情;衡量一个国家的人权状况,不能按一个模式或某个国家和区域的情况来套。这是从实际出发,实事求是的态度。

④积极维护《联合国宪章》促进人权和基本自由的宗旨与原则,坚决反对一些国家对其他国家特别是发展中国家在人权方面采取双重标准,或者以自己的模式强加于人,借口"人权问题"干涉他国内政的霸权主义行径。

⑤提出生存权是中国人民长期争取的首要人权。认为人权首先是人民的生存权。没有生存权,其他一切人权均无从谈起。争取生存权首先要争取国家独立权。回顾中国1840年到1949年110年间的历史,英、法、日、美、俄等帝国主义列强先后对中国发动过的大小数百次战争,人民如何在饥饿死亡线上的挣扎,受压迫,受剥削,证明这个提法是正确的。

(2) 实践方面

①中华人民共和国成立后,中国宪法规定,一切权力属于人民。中国人民男女平等,各民族一律平等。人民通过直接(县以下)和间接(县以上)选举,产生各级人民代表大会,由它们选举产生各级人民政府。在政治方面,公民有普遍的选举权和被选举权;有言论、出版、集会、结社、游行、示威的自由。公民的人身自由不受侵犯。在经济、文化和社会方面,中国公民有劳动权、财产权,有受教育的权利,有进行科学研究、文化艺术创作的自由,有享受医疗卫生的权利,年老者有从国家和社会获得物质帮助的权利,等等。

②第一次白皮书指出,中国"在维护和发展人权的实践中,也曾发生过种种挫折";"中国社会主义民主政治和法制的建设也

不是完全一帆风顺的,历史上甚至出现过'文化大革命'那样严重破坏民主与法制的现象。"

这"种种挫折"和"严重破坏",教训是惨痛的,其结果是,国家的损失大于个人的损失,无形的损失大于有形的损失,长远的损失大于短暂的损失。前事不忘,后事之师。胡绳在《中国共产党的七十年》①一书中大略记述了有关的事实。

"1978年12月召开的(中国共产党)十一届三中全会,是建国以来党的历史上具有深远意义的转折"(上引书第471页)。大会以后,实行"调整社会关系",平反"文化大革命"时期造成的大量冤假错案;为1955年的"胡风反革命集团"平反;在1978年4月决定全部摘掉右派分子帽子之后,又为1957年被错划为右派分子的人平反;为1959年"反右倾"运动中被定为"右倾机会主义分子"的人平反,等等(上引书,第47页)。

其结果是,"到1982年底,大规模的平反冤假错案工作基本结束。有三百多万名干部的冤假错案得到平反,他们心情舒畅地走上工作岗位或担任新的职务;数以千万计的因与这些干部有亲属关系或工作关系而受到株连的干部和群众也由此得到解脱。他们放下包袱,精神振奋地投身于社会主义现代化建设事业。被迫害致死的同志,也受到昭雪"(同上书,第482页)。

调整社会关系还包括其他方面:从1979年1月起,①开始摘掉地主、富农分子的帽子,给予农村人民公社社员的待遇;其子女的个人成份一律定为社员。②为国民党起义、投诚人员落实政策。③开始把小商、小贩、小手工业者及其他劳动者从原工商业者中区别出来,到1981年,原86万工商业者中的70万人恢复了劳动者的身份;又明确规定,原工商业者已经成为社会主义社会

---

① 中共党史出版社,1991年。

中的劳动者,其成份一律改为干部或工人。④认真落实知识分子政策,注意改善其工作条件和生活条件。⑤支持各民主党派恢复活动(同上书,第482页)。

从此,"地、富、反、坏、右五类分子"、"资本家"、"臭老九"一类名词基本上从人们的日常用语中消失,实现了全体公民一律平等。

(3)确认继续促进人权发展是中国一项长期的历史任务

第一次白皮书说:"现在,虽然在维护和促进人权上取得了巨大的成就,但是还存在许多有待完善的地方。继续促进人权的发展,努力达到中国社会主义所要求的实现中国人权的崇高目标,仍然是中国人民和政府的一项长期的历史任务。"

第二次人权白皮书结尾也说:"中国愿意继续与国际社会一道,为把一个和平稳定、经济发展和普遍享有人权的世界带入21世纪而不懈努力。"

后此中国又发表了《1996年中国人权事业的进展》,[①]作了全面的回顾。

(三)美国的人权状况

美国自诩为世界人权卫士,其实以《世界人权宣言》来衡量,其人权状况亦非尽善尽美,根据美国的人权记录,可以看出我国所提人权状况受一国历史、社会、文化、经济条件制约的主张,是有根据的。

(1)美国的人权法案

美国宪法中并无有关人权的明文规定。据说"这一缺漏并非宪法草创人不关心基本人权,而是因为他们觉得,宪法既然没有特别授权管制出版或集会自由之类的事务,当然也就不需要特别

---

① 国务院新闻办公室,1997年7月1日。

陈明不存在这种权力。这一立场从逻辑上讲是正确的,但从心理上讲则不然,美国人民普遍希望宪法中明文规定他们的权利。"①

"第一届国会集会后不久,詹姆斯·麦迪逊提出一项很长的人权法案,作为宪法的修正案。国会一共通过了12条修正案。法案中大部分是对政府施加限制——规定联邦政府所不能做的事。结果,在一般情况下,这项法案也被解释为适用于州政府。既然几乎各州都有一项人权法案,或作为州宪法的一部分,或作为州宪法的修正案,因而可以说,所有美国人在全国各处均受此类人权法案的保护,不受任何地方、州与联邦政府的侵犯。"

在十二条宪法修正案中,最重要的有:

"第一条修正案 国会不得制定有关下列事项的法律:确立一种宗教的地位或禁止宗教活动自由;剥夺言论自由或出版自由;或剥夺人民和平集会及向政府要求伸冤的权利。"

"第四条修正案 人人具有保障人身、住所、文件及财物的安全,不受无理搜查或拘捕的权利;此项权利,不得侵犯;除非有可成立的理由,加上发誓或誓愿保证,并具体指明必须搜索的地点,必须拘捕的人,或必须扣押的物品,否则一概不得发出搜查令或逮捕状。"

"第五条修正案 非经大陪审团提起公诉,人民不应受到处死罪或因重罪而被剥夺全部或部分公民权之审判;惟于战争或社会动乱时期中,正在服役的陆海军或民兵中发生的案件,不在此列;人民不得为同一罪行而两次被置于危及生命或肢体之处境;不得被强迫在任何刑事案件中自证其罪,不得不经过适当法律程序而丧失生命、自由或财产;私有产业,如无合理赔偿,不得被征为公用。"

---

① 以下根据美国《交流》季刊,1993年第4期所载《人权法案》。

"第六条修正案 在所有刑事案件中,被告人应有权提出下列要求:要求由罪案发生地之州及地区的公正陪审团予以迅速及公开之审判,并由法律确定其应属何地区;要求获悉被控的罪名性质和理由;要求与原告的证人对质;要求以强制手段促使对被告有利的证人出庭作证;并要求有律师协助辩护。"

(2) 美国人权的实践

美国《交流》杂志1993年第4期刊载一篇文章,题为《美国公民自由联盟》(The American Civil Liberties Union),旨在说明这个组织"在其七十多年的成长过程中一直为维护美国的人权法案而斗争"的种种业绩。但是文章却从反面暴露了美国侵犯人权行为之严重。综观最近这70年美国人权受到侵犯,是与反共狂热、冷战、经济大萧条、对日作战和越南战争、种族歧视等政治、军事、经济、社会问题分不开的。以下胪列这些事实:

①1920年,一千多名被指控为从事共产主义活动的美国人被逐出境。工会领导人受迫害、被殴打,成了家常便饭。激进的产业工人联盟会员遭暴徒私刑拷打。在这十年中,美国南北战争后以迫害获得自由的黑人为目标的三K党势力,从南方根据地扩大到中西部和西部,成为一个全国性的组织。

②20世纪30年代,经济大萧条导致大批工人失业,引起社会动荡。公民自由联盟忙于为工人、农民、激进分子……的权利辩护。

③1940年,正当美国参加第二次世界大战的时刻日益逼近之时……该组织还是发生了内部斗争,斗争的焦点是该组织决议从担任领导职务的理事会中驱逐那些"支持任何国家极权主义独裁统治组织"的成员。结果,伊利莎白·格利·弗林遭到开除,她是共产党员,创建之初即担任理事。这项决议使该组织出现危机。理事会主席亨利·沃德提出辞职,以示抗议。

④日本偷袭珍珠港促使美国直接参战。这一事件导致理事会的另一次分裂。当时，美国政府下令将11.2万名日裔美国人即日裔美国公民和日侨，从西海岸迁移到内陆拘留营，在整个战争期间由军人看守……重新安置日裔美国人的命令是由罗斯福总统颁发的，主要是害怕日裔美国人在日本入侵西海岸时帮助日本人。最高法院当时裁定了拘留营的合法性。

⑤在40年代后期和50年代初期，冷战开始支配了美国的社会生活。以威斯康星州参议员约瑟夫·麦卡锡为首的反共狂热分子，在反颠覆和反间谍的调查中，不管是查有实据还是猜想推测，完全不把公民的自由权利放在眼里。在他的全盛时期，即于1954年受参议院审查之前，麦卡锡曾给美国公民自由联盟贴上"受共产党控制的组织"的标签。

⑥50年代末，当反共狂热逐渐消退时，美国黑人争取宪法权利的顽强斗争使全国感受了新的震动。1954年，最高法院作出著名的公立学校结束种族隔离的裁决……布朗诉教育局案……为随后20年中在法庭上和立法上进一步取得胜利开辟了道路，拆除了住房、就业、选举、交通等问题以及旅馆、剧院、餐厅和其他公共场所的种族壁垒。

⑦在法律上虽然取得了胜利，但是，要求实施这些新法律还有许多工作要做。民权工作者从北方走到南方，帮助黑人争选举权，这威胁到南方地方政府的白人统治。公民自由联盟在紧张而且经常充满暴力的环境中，1964年在密西西比州的杰克逊市建立了律师维护宪法委员会，以保证民权工作者和黑人在密西西比州和路易斯安那州不受暴力侵扰。有的律师在力图维护他人的权利时，自身也受到枪击和殴打。

⑧在60年代里，这个组织处理涉及言论自由的案件比以往都多。前五年，它为数千名民权活动分子辩护；后五年，则为数万

名反战示威者辩护，数以千计的青年人公开撕毁了征兵登记卡以抗议美国卷入越南战争。公民自由联盟在辩论中反复强调，征集他们去打一场国会从未正式宣战的战争是违宪的。在这场被称为美国所进行的最不得人心的战争中，公民自由联盟的立场赢得了许多新的追随者。联盟成员的人数在60年代增加了两倍，增加14万人。

⑨美国公民自由联盟成立于1920年，到60年代，它由一个小团体发展成为一个有27.5万会员的大社团，在全国50个州和华盛顿都有分会，由全国理事会和设在纽约的总部将各分会联系在一起。年度预算为2500万美元，工作人员300名，义务服务的律师和助手2000名，每年要处理6000件案件，工作是诉讼、游说、公众教育。

联盟事业的壮大，说明了人权法案通过200年后，尽管美国经济已经跃居世界首位，而美国侵犯人权的事例依然十分严重，这不得不从历史、政治、经济、社会各方面去找原因。

第九章　人性与经济制度

权力分配问题是人性与政治制度的关键问题,而收入分配问题则是人性与经济制度的关键问题。

自从人类进入阶级社会以来,贫富悬殊和两极分化一直是普遍现象,"朱门酒肉臭,路有冻死骨"。如何解决这一问题,始终是志士仁人梦寐以求的事业。

人类进入 20 世纪后,有过两次世界大战。一战后出现了苏联,二战后出现了中华人民共和国、其他社会主义国家和众多的民族独立国家。它们均曾以各自不同的方式来试图解决这个问题,然而迄今为止,收效甚微。

根本的问题是公平与效率能否并存的问题。一方面要实行公平分配,一方面要发展经济,公平容易流于平均,发展有赖提高效率。这个问题与人性有密切关系。人人渴望生存和发展,为了人人能满足种种物质需要,就要求对收入作公平的分配;如果听凭贪欲、竞争、虚荣心、权力欲这些人性趋向无限膨胀,就永远无法实现公平。然而要发展经济,就必须调动人的积极性,如果不让贪欲、竞争、虚荣心、权力欲这些人性趋向有适度的发挥余地，就永远无法促进经济增长。

如何解决这个矛盾，是健康的经济制度能否建立起来的关键。

一、人性与经济

要满足社会上每个人生存、发展、求知、创造这四项基本需要，就必须发展经济。英国经济学家、诺贝尔奖获得者亚瑟·刘易斯1955年出版的《经济增长理论》一书，对于经济的增长问题作了深入系统的分析。他认为，经济增长的直接原因有三：（a）经济活动，（b）知识（即科学技术）的积累，（c）资本的积累。经济活动是指人们为增加一定努力或资源的产量，或为减少一定产量的成本，而做出的努力。经济增长是经济努力的结果。大自然是吝啬的，除非人们去努力，否则他们就不会得到更多的东西。为了获得成功，人们必须愿意从事实验，愿意寻求机会，愿意抓住机会，愿意运用智谋。同时经济制度也必须为经济努力提供机会。

因此，要实现经济的发展，一是要看人们对于财富的欲望，二是要看人们对获取财富做出的努力，三是要有获得报酬的权利，四是要有经济活动的自由。前二者体现人们从事经济活动的意愿，后二者体现经济制度为经济活动提供的范围。

（一）对财富的欲望

人有求生存、求发展的需要，因而有物质的欲望（贪欲）。人对财富的欲望，是人从事经济活动的驱动力。

获得财富的欲望受到两种限制，一是禁欲主义或提倡节俭，二是眼界狭窄。

禁欲主义或源于宗教，或源于学说。禁欲主义的信念认为，比他人消费得少是一种高尚的生活方式，是一种美德。节俭是中国人的传统美德,所谓"俭以养廉"。

孔子对"安贫乐道"作了多次的赞扬:

"君子食无求饱,居无求安,敏于事而慎于言,就有道而正焉,可谓好学也已。"(《论语·学而》)

"子贡曰:'贫而无谄,富而无骄,何如?'子曰:'可也。未若贫而乐,富而好礼者也。'"(《论语·学而》)

"富与贵,是人之所欲也,不以其道得之,不处也。贫与贱,是人之所恶也,不以其道得之,不去也。"(《论语·里仁》)

"士志于道,而耻恶衣恶食者,未足与议也。"(《论语·里仁》)

"贤哉回也!一箪食,一瓢饮,在陋巷,人不堪其忧,回也不改其乐。贤哉回也。"(《论语·雍也》)

"富而可求也,虽执鞭之士,吾亦为之。如不可求,从吾所好。"(《论语·述而》)

"饭疏食、饮水,曲肱而枕之,乐亦在其中矣。不义而富且贵,于我如浮云。"(《论语·述而》)

"子罕言利,与命,与仁。"(《论语·子罕》)

"衣敝缊袍,与衣狐貉者立,而不耻者,其由也欤!不忮不求,何用不臧?"(《论语·子罕》)

"在陈绝粮,从者病,莫能兴。子路愠见曰:'君子亦有穷乎?'子曰:'君子固穷,小人穷斯滥矣。'"(《论语·卫灵公》)

"君子谋道不谋食。耕也,馁在其中矣;学也,禄在其中矣。君子忧道不忧贫。"(《论语·卫灵公》)

但是,安贫乐道究竟只是少数读书人的事情。绝大多数人是迫切要求满足自己的物质需要的。比较起来,眼界狭窄也许是对人的财富欲望的更重要的限制。这表现在三个方面:一是受社会物质背景和文化背景的限制——非水乡居民不需舟船,非寒带居民不需皮袄,住房狭小不需太多家具,电路不通不需电器设备;

没有一定的文化素养,不需要有托尔斯泰的《战争与和平》、莎士比亚的"四大悲剧"、贝多芬的交响曲,如此等等。二是生活水平的低下——当衣食两项几乎占去全部收入时,新奇的食物和衣着、娱乐和旅游自然没有市场。三是单纯的无知——不知物品的用途,自然不必为购买它们而做出努力。然而眼界狭窄对于财富欲望的限制究竟只是过去的事情,今天交通发达,信息灵敏,世界一家,人们的消费眼光也就开阔了。

现代社会的人对财富都有强烈的欲望,一是为了满足自己的实际需要,为了自己的尽情享受;二是为了提高自己的社会地位,为了获得声望和权力。炫耀性的消费是很普遍的,钢琴、藏书、家庭画廊、豪华轿车和游艇、盛大宴会,不一而足,尤其是在暴发户。罗素说,贪婪是资本主义的主要动力。刘易斯说,与财富的吸引力相比,禁欲主义的吸引力是微不足道的。

刘易斯认为,为生产财富而做出的努力,是财富欲望的函数,换言之,贪欲越大,则为生产财富而做出的努力也就越大。经济的增长速度,还同财产所赢得的社会地位(虚荣心)有关。他说:"在世界上的每一个国家,财富均可赢得尊敬和声望。然而,赚钱总是在和其他获得社会地位的方式进行竞争的。被吸引到这种生活方式中来的聪明有为的青年所占的比例,部分地取决于从事赚钱与从事其他活动所取得的相对社会地位。有些人相信,赚钱的人的相对地位,在美国比在英国高,在英国又比在缅甸高;而这种地位上的差别部分地说明了各国相应的经济增长速度的差别。同样,大多数对各国工业革命(成功的和失败的)的分析,均研究革命前夕商人阶级的相对社会地位,与贵族阶级、学者和军人的社会地位作比较。例如,中国与日本在这方面的差别,通常用来作为解释在过去一百年中日两国经济史之所以如此不同的部分原因。又如,贸易在西班牙的地位,与在伊丽莎白女王时代的英国比较，十分低下，这对说明西班牙在16、17世纪为什么显然未能利用它的经济机会不是没有关系的。"（《经济增长理论》，第27页）

刘易斯认为，几乎在每一种社会中，财富、声望和权力总是密切相联的。各种社会的根本区别，在于富人用财富去做什么，以及何种财富会带来声望。在前资本主义社会，富人以非生产的方式使用财富，而在资本主义社会，他们则将其用于生产性的投资。在停滞性经济与扩张性经济中，在收入不平等的程度方面没有什么巨大的差异，但如何使用财富则对经济增长速度有不同的影响。其次，财富或由生产性投资所代表，或由世袭继承的土地所有权来代表，何者受到尊敬，于经济增长亦有巨大影响（参见《经济增长理论》，第28页）。

刘易斯认为，过去对农民有一种偏见，认为他们没有世界性的价值观念，因而阻碍了经济发展，这基本上是一种神话。其实到处的农民都是一个贪婪的阶级：他们渴望改善自己的物质条件，能对具有这种效应的创新作出反应。他们乐于采用新种籽、新化肥，使用灌溉设施提供的水源，改种报酬更加丰厚的经济作物（参见《经济增长理论》，第43页）。

总之，为了达到富裕的目的，人们必须有强烈的获得财富的欲望，然后才肯去为获得财富而进行艰苦的努力。在这里，被罗素认为在政治上是恶的欲望——贪欲、竞争、虚荣心、权力欲却都能起到积极的作用，能促进生产的增长，正像罗素认识到，权力欲是求知的动力，能促进知识的增长一样。

（二）获取财富的努力

假定人们对财富的态度相同，而对为获得财富所必须做出的努力的态度不同，则他们在实际上所做的努力也就不会相同。有的人可能重视闲暇，好逸恶劳；有的人可能重视友谊，不愿意为了获得财富而去影响或破坏这种良好关系;有的人可能安土重迁,不愿为寻求机会而去离乡背井;有的人可能抱有某种偏见(如轻视体力劳动),不愿意利用机会。在努力方面所要考虑的问题,一是对工作的态度,二是冒险精神。

(1) 对工作的态度

假定对财富的态度相同,而工作的艰苦程度不同,对于比较艰苦的工作,人们就会干得少一些。从客观方面来看,这是因为艰苦工作消耗人的体力比较多,引起精神紧张的程度比较大,而各人的身体素质不同、健康状况(营养状况和有无疾病)不同、工作环境不同,均会使承受能力发生差别。从主观方面看,人们如果不能按自己本来的生活方式去工作,也会使工作显得艰苦。

工作是谋生的手段,即获得物品与服务的手段,同时又是一种生活方式。每个人都会将工作部分地看作是辛劳,不管工作会令人感到多么痛苦,为了生存也必须忍受;同时人们也将工作部分地看作是一种美德,它可以使人在精神上得到充实,得到愉快,得到慰藉。但是由于各人的处境不同、理想和信念不同,他们有的可能更加着重前者,有的则可能更加着重后者。

经济增长要求人们自觉地工作,愿意将自己的全部身心献给他们所从事的事业,出色地完成任务,充分发挥自己的潜力。要求人们在工作时守时间,重信用,遵守誓约;这与过去人们习惯于按照自己的方式毫无时间观念地在田地里干活不同,也同过去人们习惯于将关系建立在家庭亲友或固定身份之上的工作方式不同。要求人们不辞辛苦地寻求最有利的机会,十分敏捷地抓住这种机会。要求人们稳定而持久地工作,不断提高劳动生产率,改进产品质量。

在抓住机会方面,刘易斯强调少数人的领导作用。他说:"诚然,如果一个人认为努力是值得做出的,他在提高生产率方面就更有可能获得成功。但是在任何社会中，大部分人都对自己的机会十分敏感的情况是极为少见的，经济增长也不要求人民大众都有这种倾向。必须有少数愿意从事开拓的人；一旦他们的'筚路蓝缕，以启山林'的事业获得成功，其他的人就会不知不觉地步其后尘——只要没有性别、种族、宗教等方面的障碍。正是从这种意义说，增长取决于机灵的领导。自然，这种机灵的少数人人数越多，容易运用智谋的范围就越大，社会在经济方面的发展也就越快。正是这种人数多少和范围大小方面的差别，显示出各种社会的本质差异来。"（《经济增长理论》，第 42 页）

（2）冒险精神

梁启超在几十年前发表的《新民说》中，有《论冒险进取》（《饮冰室文集》）一文，认为冒险进取的精神，来源于希望，来源于热忱，来源于智慧，来源于勇气，他希望中华民族应该有这种新精神。

刘易斯认为，冒险精神是个人为获得财富而做出努力的意愿的组成部分，与对工作的态度同等重要。这种精神表现在三个方面。

①摆脱传统和禁忌而自由地进行思考的意愿

传统和禁忌可以通过各种方式来限制人们利用机会。一是限制资源的利用，例如印度之于神牛，西方社会在耕作中不肯利用粪肥。二是对于牲畜的偏见，例如有些亚洲和非洲的农业社会对牲畜采取非商业的态度，在工作、肉、奶方面不能利用到最大限度，有时豢养过多的无用牲畜。三是有关家庭的禁忌，特别是涉及妇女所能从事的工作及计划生育等方面。四是关于职业以及职业内部各项工作的偏见，某些职业被认为比其他职业低贱，如中国古代视商人为"四民"之末；在职业内部，认为体力劳动低人一等。五是不愿与陌生人发生经济关系。如此等等。

冒险精神可能引起怀旧的人的伤感。

一是从以身份为基础的社会关系转到以契约为基础的社会关系，在任何社会都是一场革命。这种新的非人格化的社会关系的建立，常常引起那些地位受到挑战的人们的抵制。

二是在经济生活中竞争的影响。刘易斯认为，竞争的精神贯穿于人类的一切活动。人们乐意在比赛、狩猎、吸引异性、歌唱或其他向往的事情上表现自己的力量；而在某些领域，诸如争夺政治权力、争夺宗教领导权或争取社会地位中，斗争会显得激烈、残酷和没有限度。在自给自足的经济中，竞争的余地不大，但在市场经济的每一个领域中，却都可以发现竞争，不管垄断者怎样去力图消灭竞争，但是只要买主还可以自由地选择卖主，即使卖主不想竞争，竞争也必然存在。不同行业之间的竞争，如电视之于电影业，也很重要。如果某些卖主想通过降低成本、提高质量、扩大宣传或利用不正当的手段去扩大市场，竞争就会更加激烈（参见《经济增长理论》，第46页）。

竞争几乎肯定会伤害某些人。工厂工人生产得比定额更高时，他就会伤害其他的工人，因为这会显示出他们的懒散，或促使雇主提高定额，或会使留给其他人去做的工作更少。同样，在一种工业中，一家试图攫取更大市场份额的厂商会使所有其他厂商承受压力，甚至迫使他们破产。然而人们不打破鸡蛋，就做不出煎蛋卷（参见《经济增长理论》，第47页）。

②承担风险的意愿

冒险精神要求人们有承担各种风险的决心和勇气。能否承担风险，一是个人的气质问题，在风险面前，有的人一往无前，有的人畏缩怯懦。二是承受能力问题，一个人的经济基础越牢固，他就越有力量承担风险。三是个人生长的环境问题。20世纪的英国学校毕业授奖之日，发表演说的人多勉励毕业生不要走向安全的职位，而要培养一种冒险精神，这种环境孕育了一代一代的大有作为的企业家。在经济发展中承担风险还有一个重要的方面，就是愿意改变自己的职业，尤其是愿意改变住所，迁往异地。

但是刘易斯也认为，经济增长并不要求所有的人都去冒险，而只要求有足够数量的创新家。这部分地又是成功的创新家所能获得的报偿和声望的问题。在每一个社会中，总有一些人具有一种天性，他们敢于藐视正统意见和既得利益，而去从事新技术、新产品、新经营方式的试验。有的社会赞扬和鼓励这样的人，其他的社会则视之为目空一切而予以压制。但是经济增长在很大程度上依存于在多大范围内社会风气陶冶这样的人，给他们以用武之地。

③在必要时肯从一个地方迁徙到另一个地方的意愿

迁徙的意愿部分的是情感问题，部分的是压力问题，部分的是可能迁徙之处的吸引力问题。安土重迁，是人之常情。压力来自饥荒、人口过多、战争、自然灾害、租税过多等等。一个地方无吸引力是许多移民计划失败的主要原因。

（三）获得报酬的权利

除非确保努力的成果归本人或自己承认其有权享受的人所有，否则人们不会做出获得财富的努力，这是一条最根本的原则。成果表现为物质的报酬与非物质的报酬，也涉及财产的管理。

（1）非物质的报酬

如果努力要受到激励，物质的报酬必须与努力成正比例，然而乌托邦式的哲学家们常常对这一思想提出挑战。他们有些人认为，人是（或能够成为）这样一种动物：他们完全是为了从创造性的劳动得到快乐而工作，或者是由于为自己的同胞服务感到快乐而工作。也有的人认为，只要得到社会承认（奖状、奖章、荣誉称号等），人们在没有物质报酬时，也会热心工作。

不能否认，人们会从工作中得到除物质报酬以外的满足。人们从事某种容许做出创造性的自我表现的工作，可以少要甚至不要物质报酬。但是绝大部分职业不属于这种类型；即使在那些有吸引力的职业中，所做的绝大部分工作也只是一种苦役。外科医生在切除了第 25 个阑尾之后，手术就变得令人厌烦；即使是大学教授，也会为不断讲授一门课程而感到厌倦。如果一个社会单依靠只做有吸引力的工作的人，那么它的绝大部分工作就会无人问津。

其次，为自己同胞服务的思想，诚然会给工作增添快乐。在某些场合，大多数人在物质报酬很少或根本没有时，乐意为自己的街道、村庄或在面临突然的灾害巨变时出来工作。但在人们和自己的集团或其他成员的关系中，除了服务的倾向之外，也有与之发生冲突的其他倾向：有些人惯于规避自己的义务，有些人斤斤计较，不肯多做超出自己认为应做的一份。只在所有成员均有为彼此服务的赤诚时，人们才不去考虑自己在集团努力和集团报酬中所占的比例，然而除了小家庭以外，很难找到这样的集团。

如果人们的工作使所有的人同样获益而不是使某些人特别获益，他们在没有不同的报酬时也会工作，不过此时也没有刺激要去特别努力，或不规避义务。除非使不同的努力与不同的报酬挂起钩来，否则人们不会不惮烦地将自己的智能和资源开发到最大限度。

再次，奖状、奖章、荣誉称号等等，如果不伴有物质利益，其作用也是极为有限的，苏联和中国过去也有这方面的经验。

在农村的"社区开发"中，村民们被鼓励去为对本村特别有利的工程进行义务劳动，如筑路、兴建学校、打井开渠、设立社区中心等等。但所能完成的工作，也有一定的限度。第一，工程必须是本地受益的,村民们愿意为本村修建一条通向公路的小道,愿意为本村凿井;如果工程由本村以外的人广泛受益,他们就会踌躇不前。第二,工程必须是使全村人受益,而不是使某些人比其他人获得更大好处的。这些例子表明,集团忠诚作为刺激,只能产生有限的效果。

(2)财产的管理

资本形成是经济增长的条件之一,而财产法的存在又是资本形成的条件之一。财产的意义是,排除他人使用一项特定资源的法律权利。这项权利可能赋予一个私人、一个集团或一个政府机关;享受这种权利的人可多可少。不管谁行使这种权利,排他性是它的根本特征。政府拥有的一艘军舰也同农民拥有的一亩土地一样,都是财产;尽管从理论上讲军舰属于全体人民,但是从法律上和从实践上讲,除了根据严格的授权,个人不能同军舰发生任何关系。

不论在何种经济(封建经济、资本主义经济、社会主义经济)下,财产的法律概念都是神圣的。如果资源及其成果不能受到保护,它就肯定会被人滥用,从而不会有人去为了它的改良而进行投资。当资源变得越来越稀少时,所有的资源均会受到法律上的财产保护,公有私有都是一样。必须保护公共财产免受私人滥用;也必须保护私人财产免受他人滥用。维持法律和秩序,是经济增长的主要条件之一。

刘易斯认为:"在世界上的每一个地方,财产都是一种被公认的制度;没有它,人类不可能取得任何进步,因为没有刺激要去改善人们居住的环境。从经济增长的角度来看,根本的要求是潜在的投资人必须相信,他有可能'收回他的钱',再加上对他用钱来投资而不是用它来消费这一行为的某种报偿。不论投资者是私人还是政府机关,这个要求同样适用。投资的对象可能不是出售产品而是供永久使用，如私人购置住宅，政府建造学校、公路、公共住宅。投资也可能用于无望收回的贷款，私人出于感情上的原因，政府由于政治上的考虑。这些都算是'收回了自己的钱'，因为投资人认为，自己得到的好处（物质的、感情的或政治的），值得所付出的代价。"（《经济增长理论》，第61—62页）

如果投资人投资于自己的企业，没有合伙人，也没有雇员，问题就比较简单。但是如果他有合伙人，或将其财产出租，或雇用他人来管理财产或在自己的财产上工作,就会产生复杂的问题。因为他的财产和其他人的财产的共同产品必须分享，如分享者的利益发生冲突（这是必不可免的），要使所有各方都感到满意，就必须遵守极其严格的规则。

先看合伙关系。如果共同财产在合伙人间分享，每一个就会想要使投入的不比他的伙伴更多，试图投入得少一些（不管投入的是金钱、是努力还是思想），试图取得更多一些。刘易斯举出的例子有家庭企业、农民的农业机械合作社。管仲也说过："吾始困时，尝与鲍叔贾（做生意），分财利多自与，鲍叔不以我为贪，知我贫也。"（司马迁《史记·管晏列传》）

如果使用财产的人不是财产的所有人，也会发生同样困难的问题。地主与佃农之间的关系必须仔细调解，然后佃农才有兴趣维持土地的肥力，并做出永久性的改良。租赁契约也有相同的问题。聘用的经理或代理人也是一样：他们不仅试图将在法律上属于所有人的资金据为己有，改变收入分配；而且如果他们的收入不直接随其用心程度而变化他们就可能忽视财产，或不适当地延长财产的寿命，借以延长自己的就业。在"不在"（Absentee）所有权人的场合，尤其如此。

现代的财产大部分或属于股东,他们将管理权委托给董事会；或属于国家或其他公共团体，它们也依靠雇员来从事管理。这两种场合,均有严格的但并不完全成功的法律来保护所有人的利益,不使之受其所雇人员的利益所侵犯。

经济发展要求,控制了财产的人,不问其为所有主、佃户、经理或雇员,均应关心财产的维护与改善。

财产管理的症结,在于制约贪欲,使之在一定范围内起作用。如果能够做到"货恶其弃于地也,不必藏于己",那就不需要有财产权;如果能够做到"力恶其不出于身也,不必为己",那就不需要有工作报酬。这只能等到实现"天下为公"的时代了。

(3) 工作的报酬

人们如果不能确保工作的成果归自己或归自己承认其占有权的人所有,就不会把工作做得更好。但当存在着规模经济(即大规模生产的优越性,由于企业采用大规模生产,而使生产过程变得经济合算)时,就要求许多人在一起工作,此时就有财产为工人拥有并管理的合作企业,或受雇于他人,在他人的财产上工作。

大型合作企业的主要问题,是刺激与权威。人数多了,不能单凭彼此信任来管理企业,必须建立制度,一方面要按成员的劳动时间和技术来支付工资,一方面要根据某种原则(如收入、平等或各人提供的财产)来分配利润。但主要的是仍然需要依靠工资刺激制度,来奖勤罚懒。此外还需要有纪律和权威,否则一大群人无法在一起有效地工作。必须将策划及其执行之权利委托给一个人数极少的领导机构。合作企业的成员虽是平等的合伙者,但他们不能人人都有领导的权力;大多数人被剥夺了决策权,并且不得不执行命令。他们会变得不满意这种情况,也许还不满意收入的分配。他们迟早会推翻这个组织,组织也就因内部纠纷而瓦解。刺激与权威问题在所有大规模生产组织都是共同的,但当所有权与工作分离时还有第三个问题,即工作与所有权之间的收入分配。不论所有权属于私人业主或国家,所有者均要求得到某种报酬，并参与对经营的控制。国有制并不是把企业交给工人，而是交给一个管理机构。这些机构仍然分享收入并保持控制。

刘易斯认为："大规模组织可能无法解决这些问题。计件工资和奖金可能对努力起刺激作用，利润分享也能恢复一点使用的气氛，但是要求得到产品的人太多了，如果不继续比较投入和报酬，合伙人是无法默默地互相信任的。工人们将要比较各自所得的报酬，比较自己与监工和上级领导的报酬，比较总产出和由私人资本家或国家拿走的份额。在某时某地，合伙人可能比在异时异地争吵得更激烈，他们永远不会完全认可对所有的人都是公平的事情，因为没有人能够说出什么是所有其他人都能接受的公平。权威问题也同刺激问题一样是无法解决的。人性不能接受纪律，然而没有纪律、服从和忠诚，大型组织就无法有效地运转。在大型组织中，经理部门和工人之间的对立情绪是不可避免的，就像僧侣与俗人、政府与平民、将军与列兵之间的对立一样。这种对立的产生，是由于每一个人都有各行其是的欲望，而又不得不接受无数已经做出的决定，这些决定我们自己并未参与做出，而且不符合我们每个人各自的具体情况。经理部门要赢得受自己权威所支配的人们的忠诚，必须通过体恤，像一个幸福家庭那样有取有予和互相尊重，而不是依靠像军事集团那样的等级制度和纪律制裁。冲突和挫败终归是大规模组织的不可避免的产物。"（《经济增长理论》，第67—68页）

（四）经济活动的自由

经济制度除了确保个人得到工作报酬的权利以外，还有一个重要任务，就是规定经济活动的范围。在这两方面，它均能对经济增长起促进或阻碍作用。

（1）贸易和专业化

经济制度应当给予贸易和专业化以机会，因为二者的扩大对于经济增长至关重要。

贸易通过引入新产品而刺激需求，因而又刺激更多的更有效率的工作的欲望。贸易也减少社会对流动资金的需要，各家各户对消费的储备可以大大减少。在饥荒年代，贸易可以使商品从有余地区流向不足地区，对处于濒临绝境的国家，是有关生死存亡的问题。贸易还带来新思想——新消费方式，新技术，新的社会关系思想。如在研究任何一国的历史时，发现它突然经济增长迅速，或改变信念，或改变社会关系，那肯定是由于贸易机会的增多。

贸易也刺激专业化。因为劳动分工依存于市场的规模。亚当·斯密说，专业化之所以具有很高的生产率，"第一是由于每一个工人熟能生巧；第二是由于节约了从一种工作换做另一种工作的时间；第三是由于能发明许多机械，便利和简化劳动，使一人能做许多人的工作"（《国富论》）。斯密似乎认为分工是技术和资本应用增长的原因，后来的作家则认为是其结果。今天看来，专业化、知识、资本三者是一同增长的。

（2）市场和价格

市场越大，专业化的可能性就越大。市场的规模，依存于家庭自给自足的程度、人口的多寡、交通运输的廉价与否、社会的财富以及是否存在人为的贸易壁垒（通行税、关税、限额与禁运）。

人们一旦开始专业化，就必须有某种机制来协调它们的活动。在小范围内，可以通过行政命令来解决。在一家厂商、一个政府部门、一支军队内部，可以告诉每个专家去做什么，管理部门心中有一幅图画，将每个人的工作配合到一起。整个社会却不能这样做，因为要达到的目的和利用来达到目的的手段数目繁多，单靠中央协调是无法有效地运转的。因此，个人的活动由市场来协调。在市场上供给与需求决定价格，每个人通过对价格做出反应来达到自己的目的，同时也为个人的所有更广泛的目的服务。诚然，价格机制不能解决所有的社会冲突；它像其他社会制度一样，是一种不完全的机制，而且它的运作也受到人们为阻止它运作而做出的努力的影响。它到处受到私人垄断者和政府的节制。但是只要有专业化和贸易，人们就不能完全抛弃它。

如果价格要起调节的作用，人们就必须对它做出反应。人们必须根据价格的变化来改变自己的行为，以利用最有利的价格变化。经济增长要求专业化，专业化要求通过价格机制来进行协调，这种协调的有效与否，视人们对价格变化是否做出反应为转移。

（3）货币

专业化还要求使用货币。货币的发明是人类的重大成就之一，就像发明火一样。使用货币增加了市场的重要性，从而改变了社会制度；尤其重要的是，它还改变了人们的态度。一旦货币开始流通，为市场而生产变得普遍，经济关系就日益建立在非人格化的基础之上。对货币的考虑多了，对身份与亲属的考虑就少了。财富更容易积累，贪欲这种本性（对财富的欲望）更容易起作用。

（4）组织

专业化和贸易要求市场是有组织的。劳动市场、房产市场、土地市场、外汇市场、信贷市场、证券市场，等等，各有不同的形式。

大规模的组织是专业化的直接结果之一。除非在企业内或在组织完善的市场内可以实现规模经济，否则专业化的优越性就无从保证。

（5）经济自由

过去几个世纪中西欧和北美人均收入的增长，同经济自由的增长有密切的关系——个人改变社会地位或职业的自由，取得资源并将其按增加产出或降低成本的方式结合起来的自由，进入行业并与已在其中站稳脚跟的人进行竞争的自由等等。

二、收入分配的不平等

美国经济学家萨缪尔逊说:"每一个人都认识到收入的重要性。如果对一个人你只能知道有关他的'一个'事实,那么收入或许能显示出最多的东西。从收入你可以大体上猜到他的政治见解,他的嗜好,他所受的教育,甚至他的预期寿命。一个家庭除非每周、每月、每年有源源不断的货币收入,否则即使它有像圣哲那样的忍受力,也会陷入困境。它的物质活动如食、衣、住等均将无法进行;至于它的非物质活动,即将生存转化为生活的那些东西,如教育、旅游、娱乐、慈善行为等等,那就更不用说了。"①

然而收入分配,不论是在国与国间,还是在一国之内,都是极不均平的。

从全世界看,人均收入水平有巨大的差异,这就表明,世界上有穷国和富国之分。通过下表列举的少数国家(或地区),从一斑可以窥见全豹。

1993年世界若干国家(或地区)的人均收入情况

	1993年人均国民生产总值(美元)	1993年按购买力平价测算的人均国民生产总值	
		美国=100	现值国际美元
瑞士	35,760	95.6	23,660
日本	31,490	84.3	20,850
美国	24,740	100.0	24,740
德国	23,760	68.1	16,850

---

① Paul A. Samuelson, Economics, 11th edition, McGraw-Hill, 1980, p.75.

续表

	1993年人均国民生产总值（美元）	1993年按购买力平价测算的人均国民生产总值	
		美国＝100	现值国际美元
法国	22,490	76.8	19,000
加拿大	19,970	81.8	20,230
意大利	19,840	72.4	17,830
英国	18,060	69.6	17,210
新加坡	19,850	78.9	19,510
香港地区	18,060	87.1	20,560
韩国	17,660	38.9	9,630
泰国	2,110	25.3	6,260
中国	500	9.4	2,330
印度	300	4.9	1,220
坦桑尼亚	90	2.3	580
莫桑比克	90	2.2	550

来源：世界银行《1995年世界发展报告》，第162、220页。

美国的人均收入比中国高出近50倍。即使按购买力平价计算，仍然高出近10倍。

在一国之内，收入分配常常是不平等的。现代西方经济学测量收入和财富分配不平等的技术，是洛伦兹曲线和吉尼系数。帕累托的观点是："关于不平等，实质上无法可想。决定不平等的基本力量过于强大、过于持续，国家无力去施加影响。"萨缪尔逊说："神父马尔萨斯，股票经纪人李嘉图以及传授他们的学说的门徒们，全都认为经济学是有关收入分配不平等不可改变的一门忧郁的科学。"[①]

---

① Paul A. Samuelson, Economics, 11th edition, McGraw-Hill, 1980, p.755.

上表所列 16 个国家（或地区）的收入分配情况有如下列。

收入或支出的百分比份额

	年份	按人头或家庭分档					
		最低的 20%	第二个 20%	第三个 20%	第四个 20%	第五个 20%	最高的 10%
瑞士	1982	5.2	11.7	16.4	22.1	44.6	29.8
日本	1979	8.7	13.2	17.5	23.1	37.5	22.4
美国	1985	4.7	11.0	17.4	25.0	41.9	25.0
德国	1988	7.0	11.8	17.1	23.9	40.3	24.4
法国	1989	5.6	11.8	17.2	23.5	41.9	26.1
加拿大	1987	5.7	11.8	17.7	24.6	40.2	24.1
意大利	1986	6.8	12.0	16.7	23.5	41.0	25.3
英国	1988	4.6	10.0	16.8	24.3	44.3	27.8
新加坡	1982—1983	5.1	9.9	14.6	21.4	48.9	33.5
香港地区	1980	5.4	10.8	15.2	21.6	47.0	31.3
韩国	1988	7.4	12.3	16.3	21.8	42.2	27.6
泰国	1988	6.1	9.4	13.5	20.3	50.7	35.3
中国	1990	6.4	11.0	16.4	24.4	41.8	24.6
印度	1989—1990	8.8	12.5	16.2	21.3	41.3	27.1
坦桑尼亚	1991	2.4	5.7	10.4	18.7	62.7	46.5
莫桑比克	…	…	…	…	…	…	…

来源：世界银行《1995 年世界发展报告》，第 220—221 页。

注：泰国、坦桑尼亚为按人头分档的支出份额，中国、印度为按人头分档的收入份额，其余各国（或地区）为按家庭分档的收入份额。

从上列各国（或地区）的统计数字来看，将最低 20% 和第二个 20% 的家庭或个人的收入加在一起，发达国家占总收入的

15%—20%，发展中国家或地区占总收入的10%—20%。收入最高20%的家庭或个人的收入占总收入的百分比，发达国家为40%—45%，发展中国家或地区为40%—60%。发展中国家比发达国家收入分配更不平等。

总起来看，可以说大约一半的家庭或个人只占总收入的1/5，而1/5的家庭或个人获得了总收入的一半左右。由于收入分配的极端不平等，遂使个人的物质和文化生活水平产生了极大的悬殊，人世间的不公平，孰甚于此？

目前世界经济迅速发展，社会财富急剧增加，然而贫困的问题却日趋恶化。贫困国家和贫困人口都越来越多。在截至1996年的最近5年里，全世界贫困人口从10亿增至13亿，并且还在以每年2500万人的速度增加。在发展中国家，有近1/3的人处于赤贫状态，其中每年有1000万以上人口仍在贫困中挣扎。中国改革开放18年来（至1996）贫困人口减少最快（减少了3/4），中国贫困人口占世界贫困人口的比例，已由70年代末的1/4减少到1996年的1/20。①

三、收入分配不平等的原因

同样是人，同样有求生存、求发展的需要，而用来满足需要的手段却有天壤之别。国与国间人均收入分配的不平等，是由历史、社会、经济、地理等诸多因素造成的。就一国以内来说，则有下列各种不同的原因。

（一）生产要素与收入分配

生产要素有土地、资本和劳动。在收入分配中，土地的报酬

---

① 《人民日报》社论《打好扶贫攻坚战》，1996年9月27日。

是地租，资本的报酬是利息，劳动的报酬是工资。此外还有利润，是运用土地和资本从事经营的结果。

经济学家对利润提出了各种不同的解释。①

（1）利润是内在的要素收益。普通所称的利润，有很大一部分实际上只是采用不同名称的利息、地租和工资。经济学家称这一部分利润——自己使用的要素的收益为内在的利息、内在的地租和内在的工资。这适用于个人经营企业的场合。

（2）利润是经营企业和创新的报酬。成功的创新家所得的收入，有些经济学家（如熊彼特）将其定义为利润。通常，这种利润收益只是暂时的；不久，竞争及模仿者将迫使其不复存在。但当创新利润的一种来源正在消失时，另外一种来源又会诞生，因此，这种创新利润在社会上将继续存在。

（3）机会因素与利润。对过去的巨额财富进行实地考察，表明其中有强大的幸运因素。石油的发现，适合时机的专利，推销和投机的成功，都是盈亏系统中机会因素的实例。

（4）利润是承担风险的酬金。如果人们像风险厌恶者那样行动，觉得他们所获得的一元钱的边际效用不及其所损失的一元钱的边际效用大，那么他们就会宁愿要较小的稳定收入，而不喜欢不稳定的收入，尽管后者的数目比较大。因此，当经济活动带来许多不确定因素和风险时，风险承担者在竞争中的进入和退出将迫使这种活动在长时期内提供一种确定的利润报酬，去补偿对风险的厌恶。

（5）利润作为垄断收益。在所谓利润中，有一部分是精心设计的或人为的稀缺性的收益，这种剩余收益在良好的社会中可以通过税收将其取去，或者最好是不让它发生。

---

① Paul A. Samuelson, Economics, pp. 580-585.

（6）利润作为剩余价值。例如，工人花 6 小时劳动生产的货物，却要用 12 小时劳动的工资去购买它。于是剩余价值为 100%。实际上，在每天 12 小时的劳动中，工人为自己工作 6 小时，为剥削者工作 6 小时。在现代资本主义国家的国民收入中，约有 3/4 作为工资和薪水付出，其余 1/4 作为利息、地租、利润付给财产所有人。许多高级行政人员的薪金中，也有利润或剩余价值的因素。所以有 1/4 以上的国民收入是剩余价值。

利润是否有必要？世界上的土地和资本货物存量是客观存在的，但是为什么任何人要从拥有它们获得收入呢？为什么不由国家拥有这种收入，而以转移支付或公共货物的形式，分配给工人（即分配给社会的每一个人）呢？

利润和财产的拥护者回答说："如果你不给私营企业的钟继续上发条，国有化的钟就会越走越慢。在一个动态的世界中，资源不会自动组织起来；如果听凭无政府状态或官僚计划化存在，继承下来的资本货物存量就会报废。竞争的制衡作用，一方面通过对收入、课征累进税，一方面通过福利转移支付，去实行民主投票的收入分配，会比政府所有制和政府控制生产过程的良好愿望带来更好的结果。"

这当然只是资本主义制度拥护者的一面之辞。我不打算在这里深入讨论利润的性质。我只想借此说明，如果有两个人，一个只有劳动力，一个则由于继承或其他原因而拥有土地和资本，则前者只有工资收入，而后者的收入则还有地租、利息和利润。前者的收入是有限的，因为一个人的体力和脑力究竟有限；而后者的收入则是无限的，因为拥有财产的数量并不受个人生理和心理因素的制约。这是收入分配出现不平等的最根本最普遍的原因。

萨缪尔逊认为："劳动的工资、土地的地租、资本的利润是由经济规律决定的，而不是由政治权力决定的。如果工会或从事改革的政党试图利用国家来改变这些生活中的事实,它们到头来是会徒劳无功的。在这种尝试中它们所能取得的成就,只能是设法得到一块比以前更小的社会肉饼,或许还得用和以前大致相同的办法去分配。在改变这种状况的尝试中,恼怒和暴力只会产生混乱和阶级斗争。古代的经济学家是这样相信的。"①

收入最大的悬殊,是由于财产所有权。一个人掌握了巨大的财产,他的子子孙孙就会自动地走向财富和权力尖塔的顶峰。在财产差别面前,个人能力的差别就相形见绌了。而财产权的差别有的是由于幸运,如发现自然资源,也有的是由于在探索中和在生产创新上的精明。有的是由于重利盘剥,也有的是由于阴谋诡计,有的是由于贪赃枉法,也有的是由于损公肥私。当然也有的是由于正当经营,勤劳节俭。

(二)个人能力与收入分配

个人能力的差异有一些可能是由于遗传,另外一些则是由于环境。一个家庭中的儿童,在体力和脑力方面常常有明显的不同,在不同家庭之间的儿童,更是如此。萨缪尔逊说:"学生们可能认为,智力或智商是重要的变数;然而,当说到赚钱时,活力、雄心、精明、狡黠、鉴别眼光这些特点可能是同样重要的。正如马克·吐温所说的:'你不一定聪明才能赚钱,但是你必须知道怎样赚钱!'"

但是后天的环境更为重要,包括家庭教育、学校教育和社会制度。"待到一岁时,富裕家庭中父母殷切关怀的孩子,在经济地位和成功的竞赛中已经抢先一步。待到在大都市郊区小学一年级时,他或她比起城市贫民窟和农村的六岁儿童来,已经抢在前头了。在此以后的 12—20 年中,天平越来越向那些富有的子弟倾

---

① Paul A. Samuelson, Economics, p.755.

斜。"①

上章提到，蒲莱士认为，个人之间存在着自然的不平等：待到成年时，有的人身体强健、意志坚强、聪明、勤奋，有的人则身体衰弱、意志消沉、愚笨、懒惰。由于智力、体力、一贯勤勉和自我克制，有些人能比其他人获得并保持更多的财富，所以经济平等永远只是一种梦想。其实人与人之间虽然存在着差异，这种差异也确实影响收入的分配，然而差异的来源主要还是由于出生在富裕或贫困的家庭，以及后来所受的不同教育和所从事的不同职业，以及其他社会环境的不同，遗传虽然也有一定的作用，但是"唯上智与下愚不移"的事例究竟是不多见的。

（三）地区发展差距与收入分配

世界上很多国家，尤其是大国，普遍存在地区发展不平衡的问题。我国各地经济发展，无论是在过去高度集中的计划经济条件下，还是在今天社会主义市场经济条件下，向来都不平衡。不仅省区之间不平衡，同一个省区内县、市之间甚至有些乡镇之间都有差异。这是由于历史、社会、经济发展的诸多因素造成的。目前我国内地与沿海相比，无论是收入总量还是人均收入水平，都有很大差距，并且这种差距有日益扩大的趋势。解决的办法，不能以限制沿海发展速度为代价去适应内地发展速度。为了全国经济的发展，只能允许差距的存在，允许并鼓励有条件的地方发展更快更好一些，同时实行有利于缓解差距扩大的政策，提倡先富带动和帮助后富，走共同富裕的道路。②

（四）经济增长与收入分配

长期以来，有些经济学家认为经济增长与减少收入分配不平

---

① Paul A. Samuelson, Economics, p.758.
② 参阅人民日报评论员《逐步缩小地区发展差距——论"第八条方针"》，载1995年10月30日《人民日报》。

等之间有势不两立的关系。他们认为，不平等的收入分配对于经济的迅速增长是必不可少的，或者说前者是后者必然产生的结果。对此有两种解释：第一种认为，由于高水平的储蓄是经济迅速增长的必要条件之一，所以收入必须集中在富人手中，他们的边际储蓄倾向比穷人高。[1]第二种解释是，由于在经济增长过程中劳动力从生产率低的生产部门（农业）转向生产率高的生产部门（工业），收入分配的不平等最初必然大为增长，中间稳定一些时候，最后才逐渐缩小。[2]库兹涅茨还提出了著名的"倒U字型假设"，有的学者认为"这种格局具有经济规律的力量"。[3]

亚瑟·刘易斯爵士对此作了详尽的解释。他说："最后，由于经济增长依赖收入的不平等，可能使人感到悲痛。这种依靠关系的存在是不能否认的，因为对于艰苦的工作，认真的工作，对于技能，对于责任，对于主动性，如果没有差别的报酬和奖励，经济增长就会减慢，甚至为负。"[4]

上述传统的说法，一再受到人们的质疑。阿努瓦里亚在1974年根据当时可以得到的比较数据，得出结论说："在收入分配变化与国民生产总值增长速度的关系中，并无强有力的固定格局……这就表明，较高的增长率不可避免地会产生更大的不平等的观点，是没有坚实的经验基础的。"[5]

---

[1] Nicholas Kaldor, Capital Accumulation and Economic Growth, edited in, Further Essays on Economic Theory, Holmes & Meier, 1978.

[2] Simon Kuznets, Economic Growth and Income Inequality, The American Economic Review, Vol. 45, No. 1 (Mar., 1955), pp. 1-28.

[3] Sherman Robinson, A Note on the U Hypothesis Relating Income Inequality and Economic Development, The American Economic Review, Vol. 66, No. 3 (Jun., 1976), pp. 437-440.

[4] 《经济增长是否可取？》，刘易斯，《经济增长理论》附录。

[5] Montek S. Ahluwalia, Income Inequality: Some Dimensions of the Problem, in Hollis B. Chenery, etal., Redistribution with Growth: An Approach to Policy, Oxford University Press, 1974.

后来阿努瓦里亚在《不平等·贫困与发展》(载《发展经济学杂志》,1976年12月)一文中,认真地考察了收入分配与发展过程的关系,他比较分析了60个国家的资料,得出了如下的结论:

(1) 证据强烈支持这一假设:发展的早期阶段,收入的相对不平等有巨大增长,在晚期阶段则此种趋势有所逆转。这一假设不论是在发展中国家,还是推广到发达国家和社会主义国家,均能适用;而且这一趋势在最穷的国家最为明显。

(2) 若干国家发展以相同速度进行的过程与收入不平等有关联,而且可以确有理由地解释为产生不平等的原因。它们是:生产结构中部门之间的转变,劳动力教育程度和技能水平的提高,人口增长速度的下降。这些过程的作用似乎也可以解释发展晚期阶段所看到的收入分配的某些改善,但不能解释早期阶段所看到的明显恶化。

(3) 比较分析的结果并不支持这一较强的假设:相对不平等的恶化,反映了发展过程中大部分居民绝对贫困化的延长。各国的比较格局表明,当人均国民生产总值上升时,最低10%居民的平均绝对收入有所增加,尽管比起较高收入组别居民的收入增加要慢一些。

(4) 比较分析的结果也不支持这一观点:增长的速度越快,收入分配不平等的程度就越高。

最近《世界银行经济评论》杂志(第9卷第3期,1995年9月)发表了一篇文章,《不平等和增长的重新考虑:东亚的教训》(作者南希·伯索尔、戴维·罗斯和理查德·萨波特)。作者们根据东亚一些国家和地区——印度尼西亚、日本、韩国、马来西亚、新加坡、泰国、台湾、香港在过去30年经济发展的经验,表明它们经济增长迅速,而收入不平等的程度相对来说却很低,并且似乎还能使收入不平等有所减少。作者们认为,增长迅速而不平等程度又很低,部分原因是,这些国家或地区的政府所采取的政策有助于确保经济增长的利益得到广泛的分享。除了战后在台湾和韩国所实行的土地改革以外,其他的政策和方案有:香港和新加坡的公共住宅方案,马来西亚和泰国的对农村基础设施的广泛投资;最普通的是,广泛享受高质量的基础教育和医疗保健服务;出口导向和劳动密集的发展战略,增加了就业机会和工资。这些政策及其成功的执行是历史环境、智慧、政治设计和幸运的某种结合的结果。就其能否为别处仿效来说,重要的也许不是这些政策为什么能够实行,而是分享增长的政策似乎也刺激了增长。如强调基础教育、增强对劳动力的需求以及收入不平等的程度低,均可刺激经济增长。

四、中华人民共和国解决收入分配问题的历史经历

从中华人民共和国建立到改革开放以前,30年中我国在解决收入分配问题的过程中,有着丰富的历史经验,这些经验生动地说明了公平与效率的矛盾,值得人们从中吸取教训。[①]

(一)一个收入分配极为平等的社会

中华人民共和国在头30年中,发展战略和经济体制创造了一个极为平等的社会。发展经济的努力一直朝着两个基本目标进行:第一是工业化,特别是建设重工业的基础;第二是消灭贫困的各个最坏的方面。

城市收入不平等的程度极低,城市中可以说不存在极端贫困现象。1980年城市人口中最贫穷的40%的人大约得到总收入的30%,大致比其他发展中国家的平均数高出一倍;最富裕的20%

[①] 参阅世界银行中国经济考察团的两次报告:《中国:社会主义的经济发展》,中国财政经济出版社,1983年;《中国:长期发展的问题和方案》,中国财政经济出版社,1985年。

的人大约得到总收入的28%，还有最最富裕的10%的人大约得到总收入的16%，大致为其他发展中国家平均数的一半。中国城市吉尼系数①为0.16，而印度为0.42（1975年—1976年）、马来西亚为0.50（1970年）。

其所以如此，有三个原因：（1）除储蓄存款的利息以外，没有私有财产项下的收入（租金、股息及利润），而其他国家财产项下的收入分配倾向于高度不平等。（2）几乎没有自营职业方面的收入（从有成就的工商业者、独立专业人员以至街道小贩），其他各国这类职业收入显示高度不平均。（3）工资和薪金的分配比较平均，主要因为经理、专业和技术三类人员的相对薪金远远低于大多数其他发展中国家（体力劳动者之间的工资差额同其他发展中国家相差不多）。城市不平均一大部分是由各户劳动参与率（劳动者对人口的比率）差异造成的，这种参与率的差别又多半是由于各户年龄和性别组成上的差异，大概还反映一些失业（特别是年轻人）情况的存在。

农村收入的分配情况，世界银行1982年的中国报告根据1979年的估算，最贫穷的40%的人获得农村总收入的20%，最富裕的20%的人获得农村总收入的39%，还有最最富裕的10%的人获得总收入的22%，吉尼系数为0.31。农村收入的分配情况，同最贫困的孟加拉国、印度、巴基斯坦、斯里兰卡相差不多，它们的吉尼系数分别为0.33、0.34、0.30、0.35。但同另外四个情况较好的国家——印度尼西亚、马来西亚、菲律宾、泰国相比，中国农村中的不平均显然低得多，四国的吉尼系数分别为0.40、0.50、0.39、0.39。世界银行1984年的中国报告将1979年中国农村收入分配的吉尼系数修正为0.26，这就比南亚四国低得多。

---

① 吉尼系数用来衡量收入分配不平均的程度，它的值的范围从0到1，0表示完全平均，1表示所有的收入归于一人，所以数值越大越不平等。

建国后的头十年里，国家采取措施大幅度降低农村地区的不平均和贫困程度。从人的角度说，最重要的是改善对歉收地区的粮食分配制度；从经济方面说，最重要的措施是土地改革，接着实行集体化。在生产队中，土地和资本的所有权没有影响到收入分配的不平均，因为二者产生的利润由生产队成员大致按其工作比例分享。造成不平等的原因，一是各户成员的年龄和性别差异造成劳动参与率的不同。二是各生产队之间在每人分摊的土地数量和质量上的差异。三是由于较富裕的生产队积累的比例较大，导致人均拥有资产的差异。四是限制移居（在各农村地区之间移居，以及从农村到城市的移居），使出生在特别拥挤或土地贫瘠地区的人不得不终老本乡；如果有较大的迁徙自由，则农村的不平均可能有所降低。

由于中国是低收入国，由于农村收入存在相当大的差距，有为数不少但在总人口中只占少数的一部分人收入极为低微，但其生活水平却比大多数其他发展中国家同一阶层的人的生活水平高得多。这是因为农业集体化防止了赤贫无地的农民阶层的产生，国家保证最低限度的粮食需要，小学入学人数比例很高，绝大多数人都可享受基本医疗卫生服务和计划生育服务。因此，其他国家极端贫苦人民遭受的苦难，如饥饿、疾病、高出生率和高婴儿死亡率、文盲普遍以及随时担心沦为赤贫和成为饿殍等，在中国已将近消失。最能说明问题的，是中国的平均预期寿命在1980年高达67岁，即使在最贫穷的省份，也不比在中等收入国家低多少；而预期寿命的长短，是取决于许多经济和社会变数的，它最能说明实际贫困的严重程度。

市民平均收入与农民平均收入之间存在很大的差距，与其他发展中国家相似；这一差距以生活水平来衡量就显得更大，因为社会服务集中提供给城市居民。

由于各省间在农业收入方面有显著差别，以及城市个人收入划一程度较大，各省城市与农村收入之间的差距大不相同，甘肃最大，辽宁最小。就全国一般情况来说，1957年—1959年城市按人口计算的收入约为农村收入的2.2倍，其原因大部分是由于城市每一劳动者的收入较高，也由于城市的劳动参与率（55%）比农村地区的参与率（42%）高。

将城市和农村收入分配数字相加，可以看到全面收入分配情况，即全中国按人口平均计算的个人收入估计数。1979年的数字显示，人口中最贫困的40%获得个人收入总额的18%，最富裕的20%获得39%，另有最最富裕的10%获得23%，吉尼系数为0.33。这个全面收入分配比农村收入分配更不平均。其原因是，城市平均收入与农村平均收入之间差距很大，城市人口虽只占总人口的15%左右，却构成最富裕的20%人口中的大约一半，而总人口中最贫困的一半实际上却全部在农村。与其他发展中国家相比，中国整个收入分配的不平均程度略低于印度（吉尼系数0.38），而与孟加拉国、巴基斯坦和斯里兰卡类似（吉尼系数分别为0.34、0.33、0.33）。

这些差异和类似，是由若干因素互相作用造成的：城市不平均，农村不平均，城市与农村间的收入差距，以及城市与农村人口的相对多寡。但是国与国间不平均的差异，多半是最富裕的人所得份额上的收入差异问题。在这方面，中国是亚洲各国中收入分配最平均的国家，因为中国实际上没有源于财产的个人收入。

世界银行预测，改革开放以后，中国的收入分配可能不会再像过去那样保持低程度的不平等（中国政府也认为过去的做法是过分的平均主义）。因为第一，农村生产责任制虽然开初只是在教育和医疗卫生方面增加了不平等现象，很可能在以后增加收入方面的不平等。第二，城市体制改革也可能会增加不平等现象，因为勤快的职工和经营有成就的个体户将会更富,懒散或运气不好的人将会更穷。

(二)一种效率很低的经济

世界银行1982年和1984年的两次报告对中华人民共和国头30年的经济发展做出了公允的评估,一方面肯定了它的优点和所取得的成就,一方面也指出了它的增长缓慢和缺乏效率。

就农业而言,表1说明,农业生产按人口平均计算的增长率显然很低,在1957年—1977年的20年中几乎没有什么增长。

表1 农业和人口增长率(%)

	农业总产值	人口	按人口平均计算的增长率
1952—1957	4.6	2.4	2.1
1957—1977	2.1	1.9	0.2
1977—1979	8.1	1.3	0.7
1952—1979	3.0	2.0	1.0

来源:世界银行《中国:社会主义经济的发展》,表4.2。

表2说明,尽管土地生产率有很大增长,但劳动生产率除了在第一个五年计划期间有相当大的增长以外,在1957年—1977年间下降了约12%。

表2 农业增加值、劳动力和播种面积增长率

	净产值(按1970年价格计算)	劳动力	播种面积	每一劳力净产值	每公顷播种面积净产值
1952—1957	4.9	2.2	2.2	2.6	2.6
1957—1977	1.6	2.1	-0.3	-0.5	1.9
1977—1979	9.4	1.0	0.0	8.3	9.4
1952—1979	2.7	2.0	0.2	0.7	2.5

来源:世界银行《中国:社会主义经济的发展》,表4.4。

表3说明，将过去20年中国与其他国家净产值比较，可知中国的农业产量增长率很低，劳动生产率的增长尤其低。不过许多其他国家的农业生产增加量约有1/3出自增加的农业耕地（虽然这个比例数字愈来愈小），只有2/3来自单产量的增加，而中国的生产增长几乎完全靠单产量的增加。

表3 1960年—1978年农业和劳动生产率：国际比较数字

（年增长率%，期间平均数）

	净产值	劳动力	每一劳动力净生产率
中国（1957—1979）	2.3	2.0	0.3
印度	2.3	1.6	0.7
印度尼西亚	3.2	0.7	2.5
埃及	3.0	1.4	1.6
低收入国家	2.3	1.4	0.9
中等收入国家	3.3	0.9	1.8

来源：世界银行《中国：社会主义经济的发展》，表4.5。

在工业方面，首先，工业部门总产值几乎是农业的三倍；净产值是农业的1.25倍。其次，从国际标准衡量，中国按人口平均计算的工业产值是低的，虽接近其他低收入国家平均数的三倍，却只占中等收入国家平均数的1/4强，占工业化市场经济国家平均数的4%左右。

在头30年中，中国工业的增长速度很快，1952年—1979年总产值年平均实际增长率为11%，1952年—1957年竟达18%。

1957年—1979年间，虽然先后由于苏联取消援助、"大跃进"、"文化大革命"而产生一些挫折，平均增长率却仍然很高，每年近10%，其中重工业超过13%，轻工业为9%。

1957年—1979年间，工业净产值的实际增长率为每年10.2%，这比其他低收入国家的平均数5.4%高，比中等收入国家的平均数

7.5%也要高。但是,投资的规模十分庞大,在 1957 年—1979 年间,平均用于投资的国内生产总值为 25%—30%,其中一半以上用于工业,用于重工业的占 4/5 以上。

中国工业生产率的增长却不很大。1957 年—1979 年间,平均每名工人的实际产值增长率为 3.7%左右。而平均每名工人占用的资本额却增加得更快,因此,把劳动力和资本放在一起计算的生产要素总增长率从 1957 年以来似乎一直停滞不前,这意味着产值的增加完全来自生产要素使用量的增加,而不是因为生产要素的使用效率有所提高。在这方面,中国的表现和大多数东欧计划经济国家相近,比中国自己在 1952 年—1957 年间的表现差得多。

世界银行指出,中国工业有三个基本问题:一是在投入(包括资本和劳动)转变为产出的过程中,生产效率太低;二是很多产品陈旧过时;三是各个部门内部以及各个部门之间,生产能力不平衡,联系到扩大消费和降低投资看来,尤其如此。

(三)公平与效率的矛盾

经济增长在极大程度上就是劳动生产率的提高:由于劳动力与总人口的比率不致发生太大变化,因此人均收入的增加几乎完全由每个工人平均产值的增长来决定。劳动力从农业转入其他部门虽是促进平均劳动生产率增长的部分原因,但是大部分的增长还须取决于各个具体部门能否提高自身的生产率。

劳动生产率的提高,与职工和管理人员的动力即积极性有关。合理的企业动力应包括扩大利润的强烈愿望,并且使利润和个人的报酬挂钩。管理人员是负责对生产、工程技术、销售和其他活动作出决策的工作人员,对企业短期的和长期的经营成绩所负责任应比一般职工大得多。衡量和酬劳管理人员的标准,应当看他们是否能发挥企业家精神,能否对市场需求作出反应,能否想方设法降低成本和提高产品质量,能否进行技术革新和推行新技术。他们的收入中有很大一部分取决于企业的盈利能力,对成绩出色的管理人员应当付给应有的报酬。对一般职工的鼓励,主要是执行正确的工资政策,对职工的工作表现作定性定量的鉴定,实行按劳付酬的办法。

而中国在头30年中实行的是严格的计划经济,企业主管人员发挥企业家精神的余地不大。中国职工的工资制度是固定不变的。"由中央决定工资级别,各行业、产业和地区之间略有差别。至于每个工人如何定级,升迁多快,企业的主管人员基本上没有机动处置权——实际上,有时个人的工资一冻结就是十年,结果是一位提拔得较快的部长的工资,也许还不及资历较长的低级官员。奖金、计件工资和按成绩计报酬等办法多年不得实行。此外,有很大一部分的实物报酬(住房、社会提供的服务、补贴等),这些报酬大半是平均供给所有职工的"(世界银行《中国:长期发展的问题和方案》,China: Long-term Development Issues and Options,1984年,P.133)。

因此,企业很难通过提高工资或提级来奖励工作有成绩的人(包括工作好的主管人员),也很难采取降低工资的手段来惩罚工作表现不好的人。技术工种和其他稀缺工种工资甚低,并且固定不变,这就造成工作分配不当和浪费,因为缺少这种人才的企业无法将其吸引过来;又由于工资不能反映稀缺价值,因此本来不需此项人才的企业也不感到有必要将其放走。

企业单位是这样,事业单位也是这样;农村生产队虽然是使用工分而不是计件工资,但分配劳动果实时如果按照"人七劳三"一类的标准,其结果也是一样。

由于这样的分配制度,所以尽管一切收归公有,没有剥削,没有压迫,人人是国家的主人,却不能发挥出当家做主的积极性,人人抱着铁饭碗，吃大锅饭，到头来，大家都穷得可怜，这就是"不患寡而患不均"走到极端的恶果。

从中国头30年的实践，可以看出公平和效率的矛盾：展现在我们面前的，是一个颇为公平的社会，而付出的代价，是一个落后的经济。

公平与效率的矛盾，不独中国为然，占世界人口三分之一的实行计划经济的国家（包括中国在内），莫不如此，世界银行的《1996年世界发展报告》以"从计划到市场"为主题总结说："马克思曾经论证说，社会主义首先会在最工业化的资本主义国家代替资本主义。的确，20世纪前半叶是巨大的社会动荡时期，特别是在欧洲。然而，革命的社会主义是在农业占优势的国家占领阵地，在那里，经济发展和工业推进二者同公司分配一样，都是重要的事情。计划体制取得的成就是巨大的。这种成就包括产出的增长，工业化，为全体人民提供基础教育、保健服务、住宅和工作，对20世纪30年代的大萧条似乎是不为所动。收入分配相当平等，一个广泛的（虽然是没有效率的）福利国家保证每一个人都能得到基本的货物和服务。然而，这种体制远远不及它在表面上看来的那样稳定，因为计划化的内在缺乏效率是牢不可破的。计划人员不可能得到足够的信息，以代替市场经济中由价格所提供的信息。计划化变成了主要是个人化的讨价还价过程，其中'关系'是一个重要的因素。这证明对工业不好，对农业更不好。还有，这也压抑了个人的积极性（Incentives，或译刺激、鼓励、动机），需要用一整套强人接受的管制（Controls）去代替它。在开头，这种管制可能是以意识形态上的信仰（Ideological commitment）或虔诚的先锋政党（Dedicated vanguard party）为基础的，但是它们常常蜕变为个人崇拜，或特定的精英们（Nomenclatura elites）滥用自己的地位权力。

"计划化的深藏的无效率,随着时间的消逝而变得越来越明显。强调重工业,如机器制造业和冶金业,而消费品的发展则落在后面。苏联在50年代的高增长率以后,经济增长速度逐步下降:60年代平均每年增长7%,70年代为5%,80年代只有2%,而90年代则变成了负数。尽管投资率很高,还是出现了这种趋势。从50年代中期起,投资收益率即不断迅速下降,到了70年代,投资收益已经极少或根本没有(图1)。同样的停滞现象也在东欧出现。作为一个主要的石油出口国,苏联从1973年和1979年两次石油提价中获得了好处。但相对于市场经济而言,它的制造品严重短缺,质量日益恶劣,这些都是经济停滞的象征。

社会指标也开始恶化,足以证明计划体制的困难处境。第二次世界大战后俄国的保健指标迅速改善,开始接近工业化市场经济国家的水平。可是,到20世纪60年代中期,这些指标开始停滞不前,后来甚至逆转:1966年—1980年苏联人民的出生时预期寿命比以前下降了两岁,这同其他工业化国家的趋势形成了鲜明的对比,后者在同期内大约提高了3—4岁。

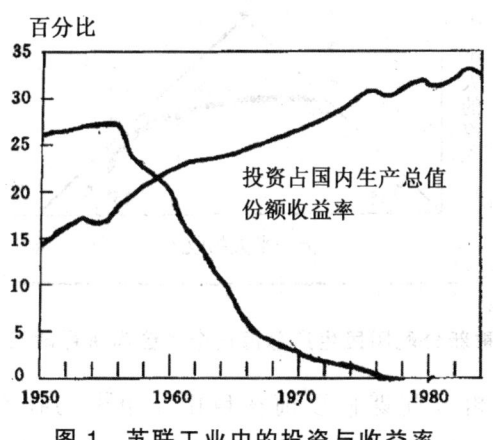

图1 苏联工业中的投资与收益率

资料来源:William Easterly & Stanley Fischer, The Soviet Economic Decline: Historical and Republican Data, NBER Working Paper No. 4735

（四）公平与效率的经济学

从经济学的角度来看，如果减少收入分配不平等这件事本身在伦理学上是善，那就值得为它付出一些代价。

美国布鲁金斯学院的亚瑟·奥孔用"漏桶试验"作比喻（《平等与效率：巨大的权衡问题》，1975年）。他说："如果我们看重较小的不平等，我们会赞成在一只木桶中把一元钱从最富的人拿来，交给最穷的人。但是假定再分配课税的木桶有一个漏洞，假定富人失去的每一元钱只有一部分（或许是三分之二）落入穷人手中。那么为了公平的再分配就降低了效率，而效率是决定社会总产值的大小的。由于平等化过程对于刺激和效率产生的不良影响，被认为是最优的再分配的地位也就改变了。"萨缪尔逊用一个图（见图2）来说明公平与效率之间的机会和困难（《经济学》，第11版，第757—758页）。

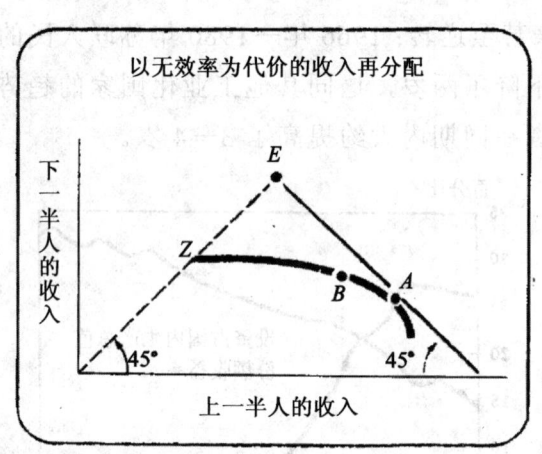

图2　重新分配国民生产总值这个社会肉饼可能使它变小

A点表示再分配课税以前在自由竞争下的收入分配状况，E表示收入分配完全平等时的国民生产总值，AE是生产可能性边界。

再分配收入的尝试常常产生抑制作用（刺激的反面）。可行性告诉我们，我们不能从 A 到 E，而事实上是在沿着 ABZ 线移动。提出的挑战是，想出一种什么办法，能使 AE 和 ABE 之间的差距（无谓损失）减到最低限度？

如果我们使所得税的累进率更高，对风险事业投资的决策和在自己行业中艰苦工作的决心将受到严重影响。如果我们冻结价格和租金，或为工资规定最低限额，我们将改变生产和就业。保守人士无疑是夸大了扭曲问题，但只有浪漫主义者才否认其现实性。

在图上，有效转移的 ABZ 曲线向内弯曲，这是国家强烈干预市场机制的运行不可避免地会产生无谓成本或负担的结果。经验表明，在某些场合，干预产生的扭曲可能如此巨大，以致牺牲一个社会阶级去帮助另一个社会阶级的可能尝试使两者都受到损害。

这是一幅表明困难所在的令人沮丧的图画。怎样作出反应？

有些人可能说，这种尝试仍然是值得为之付出代价的。因为更大的平等比更大的富裕更为重要。其他的人可能不同意，或者会降低他们的热望。

人们也可以运用经济学的工具，去使成本和扭曲降至最低限度。设想在 ABZ 和 AE 之间画一条新曲线。通过巧妙的克服不平等和贫困的规划设计，肯定可以减少无谓的负担，让社会能在这一新的更好的曲线上移动。例如，补贴低收入阶层购置住房，比起冻结房租这种直接控制办法来，可能是城市问题的更有效的长期解决办法。

当然，萨缪尔逊在这里是针对用课征累进税和福利支出的办法来求得收入分配的平等立论的。如果最初就采用整齐划一的低工资制来求得收入分配上的平等，是否会产生同样的抑制作用，从而影响到效率,这是显而易见的。

(五) 走出死胡同

从以上可以看出,分配上的过分平等或平均,不合乎按劳分配的原则,挫抑了人的积极性,损害了效率,结果使经济不能发展,既不能完全消灭赤贫,也不能使人人达到小康。平等与效率二者既不可得兼,就只有舍平等而取效率,以便使国民生产总值迅速增长,在更高的水平上来满足人们的物质和文化需要。

于是有了改革开放,其目的在于解放生产力、发展生产力,这就是社会主义的本质。此外,社会主义的本质还有"消灭剥削、消除两级分化,达到共同富裕"。我们从社会主义的计划经济转到了社会主义的市场经济。在所有制方面,实行以社会主义公有制为主体的多种经济成分并存;在分配制度方面实行以按劳分配为主体、多种分配方式并存。既反对过分悬殊的分配,也反对平均主义的大锅饭;容许合理的差距存在,以达到公平和效率的统一,因为平均主义是并不公平的。容许一部分人、一部分地区依靠诚实劳动、合法经营先富起来,以先富带后富。

由于政策符合经济规律,结果使经济蓬勃发展。

五、从社会主义计划经济到社会主义市场经济

邓小平同志1992年初在南巡讲话中指出:"计划经济不等于社会主义,资本主义也有计划;市场经济不等于资本主义,社会主义也有市场。"(《邓小平文选》第3卷第373页)寥寥数语,使中国经济的发展走出了误区,迈向康庄大道。

英国经济学家亚瑟·刘易斯也说过:"可以有中央计划的私营经济或国营经济;而且,国营企业经济也可以是计划的或不计划的。"(《经济增长理论》,1955年,第85页)

（一）计划经济的误区

计划有各种类型：一种是全面的指令性的计划，前苏联以及受其影响的东欧、亚非各国的计划属之，强调物质平衡及由行政上配置投资和产出；一种是全面的合作计划化，日本、韩国和新加坡的计划属之，儒家传统使得能将合伙关系与实用关系结合起来，私营部门和政府通过协商，订出一种长期战略和短期行动纲领；一种是形式主义的计划，一些撒哈拉以南非洲和加勒比地区国家的计划属之，殖民主义传统和寻求援助的动机起着关键作用；还有一种是拉丁美洲国家的计划，主要集中于进口替代的工业化。后三种主要是在以市场经济为主体的国家订出，影响不大。只有第一种由国家支配整个经济，还由国家支配个人的工作和消费，影响深远。

全面的指令性的计划是人类生活中的一个误区，其贻害已在导论中指出。前苏联以及其他社会主义国家当初之所以实行这种计划，是因为误认市场经济和社会主义水火不相容。一则，马克思主义创始人曾设想，社会主义社会应将全社会的生产和经济活动有计划地组织起来，不存在商品生产；二则认为在社会主义建设中人人具有高度的自觉性，那就能够预知一切生产和经济活动应该如何正确进行的细节；三则这些国家的资本主义均不发达，市场经济不曾覆盖全社会，各种体制均不成熟。

这种计划经济在短期内之所以能取得一定的成功，一是依靠革命所燃起的群众热情；二是当时的经济发展水平低，建设规模不大，经济结构简单。但是革命热情是不能持久的，而低水平的优势不久就会丧失；人的自觉性只能科学地了解并掌握社会发展的方向，并不能在微观上预知社会经济发展的一切细微末节。单凭国家的力量来统一调动，统一安排，就使人民的积极性不能发挥，结果造成经济上的萎缩与政治上的不安定。

(二)市场经济的奥秘

商品和市场在人类的生活中具有悠久的历史。早在两千多年前,孟子就说过:"子不通工易事,以羡补不足,则农有余粟,女有余布。"(《孟子·滕文公下》)"巨屦小屦同价,人岂为之哉?"(《孟子·滕文公上》)代表了他对市场经济和价值规律的认识。不过只是到了资本主义发达时期,社会大生产进一步发展,市场经济及其一切机制才笼罩了全社会。社会主义应当继承有史以来人类所创造的全部文明,包括生产技术、大生产制度以及市场经济。中华人民共和国前30年的经验也证明,商品生产和市场经济是无法废除的。改革开放以来,实行社会主义的市场经济,就是支持以社会主义公有制为主体,充分发挥市场经济的积极作用,以利于发展社会主义的生产力,同时也辅之以社会主义国家的宏观调控作用。

市场经济的奥秘,在于主要由市场和价格机制来解决每一个社会的三个根本经济问题,即生产什么、怎样生产和为谁生产。第一是生产什么货物和服务,生产多少。第二是怎样利用经济资源来生产这些东西。第三是在个人和集团之间如何分配收入。

在任何特定市场上,供给与需求决定价格。当供求力量发生变化时,价格制度(即不同市场的相对价格)亦随之发生变化。

供给与需求力量的运作,反映了价格制度在结构上的四个特点:(1)必须有劳动分工和经济活动上的专业化;(2)产品市场(即产出市场)和生产要素市场(即投入市场)上的交换;(3)经济行为人(家庭、厂商、政府)在不同选择间做出决定——消费者就给定支出使满足最大化,厂商就给定支出使利润最大化;(4)对环境变化的调整——价格的变化会导致生产投入的变化、产出的变化、需求的变化、收入分配的变化。

价格制度的最重要的职能有五:

（1）信息职能——通过提供市场信息，价格是指导经济行为人做出决定的必不可少的机制。价格是一种替代比率，表明一种东西可以按照这种比率交换另一种东西。生产者和消费者人数众多，各个生产和消费决定的总和可以通过价格制度来取得协调。

（2）配置职能——将稀缺的资源在彼此竞争的用途中进行配置，是价格制度的主要职能。

（3）配给职能——当需求上升或供给下降，价格能将有限的供给在潜在的买主中进行配给。

（4）动员职能——价格上涨可以刺激供给的增加。

（5）分配职能——产品的价格是生产这种产品的投入成本的总和，因此价格会影响收入的分配，投入成本是劳动的工资、土地的地租、资本的利息、企业经营的利润，这些资源所有人的收入分配的变化，是由价格的变化决定的。

现代发达国家的市场一般公认是不完全竞争的市场。但是经济学家为了分析上的方便，往往先假定有一个完全竞争的市场。这种市场的显著特征有四：（1）在一个工业部门中，小厂商的数目很大，规模和力量相似；（2）可以自由进入这一工业部门，不存在自然障碍，如果利润超过正常利润，新厂商就会进入；（3）卖主和买主都是价格的接受者，他们都不能影响由市场所决定的价格；（4）信息是完全的。

在这些条件下，一家想要使自己的利润最大化的厂商，首先必须决定按最低单位总成本（最小的要素成本结合）所能生产的每一种数量的产出，然后必须选定可能使利润最大化的数量。

当所有工业部门均处于完全竞争状态时，每一工业部门的长期均衡条件是：

价格=边际收益=边际成本=长期平均总成本

均衡亦可表示为，任何两个工业部门间生产的边际转换率等于这两个部门间消费的边际替代率。两个部门的价格比率表明了生产者可将一种产品转换为另一种产品的比率,也表明了消费者愿意用一种产品替代另一种产品的比率。此时,经济处于生产可能性边界之上,而每一消费者也处于尽可能高的偏好顺序表上。

这种均衡条件也称为帕累托最佳条件,表明资源已经达到最佳配置,不能同时使一个人景况更好而又不使另一个人景况更坏。

在一般均衡体系中,供求关系通过价格顺利地解决三个基本经济问题:

(1) 生产什么?由消费者投票决定。他们每天都在决定购买什么,不购买什么。

(2) 怎样生产?由不同生产者的竞争来决定。在任何时候,比较低廉的生产方法将代替比较昂贵的生产方法。生产者只有使用最有效率(物质的效率和成本的效率)的生产方法,使成本降至最低限度,才能应付价格竞争,并使利润最大化。

(3) 为谁生产?由要素市场上的供求决定,即由工资率、地租率、利息率和利润来决定。所有这些构成每一个人的收入——相对于其他人的收入和总收入而言。自然,收入分配高度依存于最初的财产所有权分配,依存于先天遗传或后天获得的个人能力的差异,依存于接受教育的机会以及所从事的不同的职业,依存于是否存在性别、种族以及其他方面的歧视。

然而现实生活中市场并不是完全竞争的。市场有各种形式的失误:一是市场不完全;二是存在外差因素(在价格机制以外产生的副作用或外溢);三是有的货物不存在市场(如公共货物);四是从资源配置以外的目标来说,市场提供的结果不足取。因此,产生了由国家进行宏观调控的必要性。

总之,市场的奥秘,在于竞争,在于追求最大限度的利润,均深深植根于人性之中,以贪欲、竞争、虚荣心、权力欲作为基础。表面看来，追求最大限度的利润是合法的行为，似与贪欲无关，其实这是一种误解，把贪欲和贪污混淆起来了。贪污才是违法的行为，《韩非子·奸劫弑臣》说，"我不以清廉方正奉法，乃以贪污之心，枉法以取私利"，后称枉法取得财物为贪污。贪欲的意思只是一种占有欲，表示贪得无厌，读书求多，亦可称之为贪，唐韩愈就说他自己"记事者必提其要，纂言者必钩其玄，贪多务得，细大不捐"（《进学解》）。至于竞争，不过是争逐、争胜之意，本身就含有公平的意思。

六、走向共同富裕之路

一味追求收入平等，是由于经济不发达造成的。在濒临饥饿和死亡的边缘时，就要求一碗饭大家分着吃。正是在这种背景之下，孔子说出："有国有家者，不患寡而患不均，不患贫而患不安，盖均无贫，和无寡，安无倾。"（《论语·季氏》）

但是我们知道分配上的平等化是并不公平的，它违背了按劳分配的原则，挫抑了人的积极性，不能增加生产。假定国民生产总值为 10,000 元，收入最低 20% 的人获得 10%，收入最高 20% 的人获得 40%，则所得分别为 1000 元和 4000 元。假定国民生产总值增至 100000 元，仍按以前的比例进行分配，则所得分别为 10000 元和 40000 元，此时收入最低 20% 的人比原来收入最高 20% 的人所得还高出 1.5 倍。所以增加生产应当是首要的任务，在将穷国和富国的人均产值作比较时，尤其可以看出这一点。

社会主义最终要达到共同富裕，但共同富裕并不意味着同步富裕；事实表明，全体人民同步富裕是不可能的，强求这样去做，只能走向普遍贫穷。在追求共同富裕时，要让一部分地区、一部分人先富起来，他们由于辛勤劳动和合法经营而成绩大，收入先多一些,生活先好起来,必然产生极大的示范作用,带动其他地区、其他的人向之学习,使整个经济不断地波浪式地向前发展,使全国人民比较快地富裕起来。

世界银行自1989年起每年举行一次发展经济学讨论会,进行学术交流。世界银行的知识,来自行内专家的研究,及支援180个国家的经验,同时吸收全世界各地的学者及实际工作人士参加。可以说该讨论会是这门学科的前沿论坛。

在1995年的会议上,阿尔伯特·费希洛(对外关系协会高级研究员)提出了一篇文章,题为《不平等、贫困和经济增长:我们站在何处》。文章总结了第二次世界大战后半个世纪以来发展中国家在解决收入分配不平等和贫困问题方面所作的努力。文章最后指出了几点:

(1)笼罩一切的计划经济过去了,市场经济来了。然而市场经济力量并不能使所有的人获益。

(2)收入分配不平等和贫困问题依然存在。大家承认,既需要寻求经济增长,又需要面对贫困问题,但更加重视增长。

(3)国家仍然承担解决贫困问题的重任。要注重教育,要发展农村经济(包括通过进行土地改革),要使人人纳入社会保障系统。

(4)发展经济和解决贫困问题都需要钱,而钱只能来自本国,不能指望外援。

他的原话是这样的:

> 过去20年中,在处理长期存在的经济不平等问题上有了进展。现在有更多的信息可供利用。大家也承认,必须利用市场力量,去保持政令较简和效率较高的国家风度。用复杂繁琐的模式去调节和管制经济活动的信念,已经一去不复返了。为过度扩张的公共支出所作的承诺,已经一去不复返了。

但是，市场力量能产生一种使所有的人获益的社会最佳化的观点，也一去不复返了。

收入分配不平等以及与之相关的贫困问题依然是未来的中心问题。其他的比较直接的调节措施常常被搁置起来，而集中注意于修订宏观经济学。(我们)今天广泛承认，既需要恢复和继续经济增长，又需要重新注意穷人的命运，但是后者没有获得前者那样的优先地位。即使在民主国家[指资本主义选举制国家]，穷人参加投票的次数也比较少，即使投票，也于他们的物质利益无多大好处。

未来的一个任务，就是确保关于通过市场来发展经济的新的共识会产生关于国家如何进行活动的共识。处理贫困和收入分配问题就是最迫切的国家活动领域。对于教育和对于公平的农村经济增长(包括通过土地改革)给予更多的注意，就能提高社会收益。社会保障网必须变得能够普遍获得。但是要做到这些就要求有资源，这种负担不可避免地会更多地落在本国经济头上，因为外部公共资金无法得到。这意味着，在许多国家要提高公共储蓄的能力，尤其是在地方一级。

一再重新学到的教训之一是，公平发展的奇迹要求有足够的资源。在处理贫困问题的办法和处理一般发展问题的办法越来越合二而一之时，忘记了这种教训就会酿成悲剧。不论是就人力资本还是就物质资本来说，不论是就社会服务还是就私人需求来说，都有这种需要。投入足够的资源去减少贫困就是为未来进行投资；如果不使劲去追求这个目标，在许多国家正在出现的民主趋势就将是脆弱的和不可持久的。①

---

① Albert Fishlow, Inequality, Poverty, and Growth: Where Do We Stand? in Michael Bruno and Boris Pleskovic (eds.), Annual World Bank Conference on Development Economics 1995, pp. 37-38.

世界银行在《2000/2001 年世界发展报告》中，提出一个综合性的治理贫困的计划。

报告赞同目前已成为传统观点的贫困概念（比如《1990 年世界发展报告》），即贫困不仅指物质的匮乏（以适当的收入和消费概念来测算），而且还包括低水平的教育和健康。报告还扩大了贫困的概念，除了以上内容之外，贫困还包括风险和面临风险时的脆弱性，以及不能表达自身的需求和缺乏影响力。所有这些形式的贫困都制约着他或她享受自己所珍视的生活这种基本自由的能力。

报告提出了三个方面的减贫战略：

扩大机会：通过市场和非市场行动的结合，刺激经济全面增长，使穷人积聚资产并且提高其资产的回报以扩大穷人的经济机会。

促进赋权：使国家制度对穷人更负责，对其需要作出及时反应，加强穷人在政治进程和地方决策中的参与，取消来自性别、民族、种族和社会地位差距的社会障碍。

加强安全保障：减少健康危害、经济灾难、政策导致的混乱、自然灾害和暴力给穷人造成的伤害，以及在他们受到伤害时帮助他们对付不利的冲击。

机会、赋权和安全保障对于穷人具有内在价值，由于它们存在重要的互补性，有效的减贫战略要求在这三方面采取全面的行动，把社会各界——政府、市民社会、私营部门以及穷人自身全部纳入行动议程。

这些行动不能局限于单个的发展中国家。以有利于穷国和穷人的方式加强全球力量是至关重要的。这些行动还有必要促进全球金融稳定，并确保穷国跟上技术进步、医学研究的步伐。富国的市场必须向穷国的产品开放，必须增加援助、减轻债务以帮助穷人自助。在国际论坛上，穷国、穷人需要具有发言权和影响力。

社会主义的本质，一方面要解放生产力、发展生产力，一方面要消灭剥削，消除两极分化，从生产与分配两方面同时着手，最终达到共同富裕。在今天，要解放和发展生产力，还不能不依靠引导人的贪欲、竞争、虚荣心、权力欲向正当方向发展的经济制度。展望未来，在大同世界里，在"货恶其弃于地也，不必藏于己"的风格之下，私有财产就失去意义了；在"力恶其不出于身也，不必为己"的风格之下，工作报酬就失去意义了。那时劳动将变成生活的第一需要，毋待激励。共产主义的吸引力，正在于它有这种崇高的理想和信念。而在当前，仍然需要发挥人类的仁爱、侠义、辞让、明智的善良本性，去竭力设法缓解或消除贫困与收入分配不公平的棘手问题。杜子美的"安得广厦千万间，大庇天下寒士俱欢颜"（《茅屋为秋风所破歌》）的阔大襟怀，是值得推而广之的。

第十章　人性与伦理道德

一、何谓伦理道德

伦理（Ethics）与道德（Morality）两词，习惯上可以通用，不论东西方均如此。

什么是道德？有两个已经给出的定义。

一个定义是："所谓道德，通常是指人们行为的原则或规范（规则）的总和，这些原则或规范调整彼此之间的关系，以及他们对社会、对一定阶级、国家、祖国、家庭等的关系，并且受到个人信念、传统、教育、整个社会或一定阶级的舆论力量的支持。"[①]

另一个定义是："道德是调整人们之间以及个人和社会之间的行为规范的总和。道德规范和法不同，它不是由国家强行制定和强制执行的，而是依靠社会舆论的力量，依靠人们的信念、习惯、传统和教育的力量来维持的。"[②]

[①] 原苏联哲学家施什金《马克思主义伦理学原理》第一章第一节，莫斯科1961年，转引自《苏联哲学资料选辑》第21辑，上海人民出版社，1966年。

[②] 艾思奇主编《辩证唯物主义、历史唯物主义》，人民出版社，1978年，第318页。

可见，道德有三个要素：

第一，道德是个人行为规范的总和。

第二，道德的作用，是调节个人与个人、个人与集体、个人与国家之间的关系。

第三，道德的实践，一要依靠人们自己的信念，二要依靠社会舆论的力量，三要依靠传统和风尚，四要依靠教育。

从心理学来看，道德发展（Moral development）指在社会化[①]过程中，个体随年龄的增长，逐渐学到是非判断的标准以及按照这种标准去表现道德行为的历程。准此而论，道德涵义有两种意义：其一是属于"知"的道德，即对是非善恶事理的判断；另一是属于"行"的道德，即对于道德理念的具体实践。从理论上讲，谈道德发展者，应同时兼顾知与行两个层面。但是道德行为只有在生活情景中的偶然机会才表现，所以心理学家迄今仍然偏于研究道德的认知发展。[②]

但是，人们的行为动机是情感而不是理智，所以道德情感的培养至关重要。除了道德观念和道德行为之外，道德还应包括道德情感。

二、为什么要有伦理道德

英国哲学家罗素认为，伦理学和伦理规范之所以必要，有三

[①] 社会化(socialization)是指人们通过对行为和态度的学习去适应他们的社会角色的过程。初生婴儿虽只是个不能自理的小生命，但最终将成为有独特个性的人，成为社会中有能动性的一员。这种转变是通过社会化、即人与人之间的互动过程来实现的。在此过程中个人获得某种价值观、态度、技能和知识，获得他们所属的那个社会的文化。孩子们随着年龄的增长而找到自己的道德价值观。（参阅刘易斯·科塞等《社会学导论》，杨心恒译，南开大学出版社，1990年，第五章社会化）。

[②] 张春兴《现代心理学》，上海人民出版社，1994年，第396页。

个原因。①

第一，由于智力与冲动之间的冲突。

人像其他动物一样，充满了冲动和激情。当人类正在形成中时，这些冲动和激情有益于他的生存。但是他的智力（Intelligence）告诉他，激情常常是不利于自己的；如果他缩小某些激情的作用范围，扩大另外一些激情的作用范围，他的欲望就可能得到更大的满足，他的幸福就可能更为完满。人类在绝大部分时间和空间里，不是把自己看作是与其他物种竞争的一个物种；他感兴趣的是"人们"，而人们是严格区分为敌与友的。在某些时候，这种区分可能对胜利者有用，例如在美洲的白人和印第安人的冲突中。但当智力和发明增加了社会的复杂性以后，合作的好处就不断增加，而竞争的好处则不断减少。伦理学和道德规范对人之所以必要，就是因为智力与冲动之间的冲突；单有智力，或单有冲动，就不会产生伦理学。

人是充满激情的，任性的，并且是颇为疯狂的。由于他的疯狂，他给自己和他人带来灾难，其程度可能十分严重。然而，冲动的生活虽然危险，人类的生存若要不失去意味，却必须将其保留下来。在冲动与控制的两个极端之间，人类能赖以幸福地生活的伦理学必须找到一个中点。正是由于人的内心深处的这种本性冲突，产生了伦理学的需要。

第二，由于人的本性包含了社会部分和孤独部分。

人的欲望和冲动比其他动物更为复杂，这种复杂性给他带来了困难。他既不是完全合群的，像蚂蚁和蜜蜂那样；又不是完全孤独的，像老虎和狮子那样。他是半合群的动物。他的某些欲望和冲动是社会的，另外一些欲望和冲动又是孤独的。他的本性的

---

① Bertrand Russell, Human Society in Ethics and Politics, pp.15-18.

社会部分，从单独监禁是极严厉的惩罚可以看出；他的本性的孤独部分，从他爱好隐私和不愿与生人说话可以看出。人性在私人部分和社会部分之间摇摆不定。正是由于我们不是完全社会的，所以需要有伦理学去提出目的,需要有道德规范去教导行动准则。蚂蚁似乎无此需要，它们永远按照自己社会的利益行事。

然而人，即便能使自己像蚂蚁一样完全服从公共利益，也不会感到完全满足，因为他知道，自己觉得很重要的那一部分本性正在受苦。不能说人性的孤独部分不及其社会部分那样有价值。两者在《福音书》中是作为两个命令出现的：爱上帝，爱我们的邻人。对不信上帝的人来说，可以使用不同的说法，但伦理价值并未根本改变。诗人、艺术家、科学发明家在其内心深处都是孤独的。他们的所作所为，可能于他人有用，而且这种用处对他们自己可能是一种鼓励，但在他们最活跃、最充分地实现他们认为是自己的职责的时刻，他们不是想到其余的人类，他们只是在追求一种梦想。

因此，我们必须承认，人类的不凡之处，有两种因素：一是社会的，一是孤独的。只考虑其中之一的伦理学，将是不完全的，不能令人满意的。

第三，由于人的行为不是完全出于直接的冲动，它也能受到自觉目的的控制和指导。

这也是人和其他动物的一个不同之处。从起床开始，到晚上独自一人为止，他很少有机会完全按照冲动行事。他整天的行为，是由着意的目的所指引的。他的所作所为，不是因为这些行为是快乐的，而是因为他的行为将给他带来金钱或其他报酬。正是由于人有这种指向预定目的的行为能力，伦理学和道德规范才能发挥作用，因为它们表明，目的有好坏之分，达到目的的手段有合法与否之别。

伦理学是研究伦理道德的学科。罗素认为，它与科学的不同，在于它的基本材料不是知觉，而是情感和激情。假如有一个纯粹的物质宇宙，其中不存在有感觉的物质，那么这样一个宇宙就既不是善的，也不是恶的，不存在什么正当或不正当的事物。如果太阳与其他行星相撞或者地球化为灰烬，这一灾难只不过是一件有趣的事情罢了。所以伦理学是与生命密切相关的，而生命是由快乐和忧愁、希望和恐惧、以及使我们宁愿要某一种世界而不要另一种世界的其他类似的一对一对的事物交织而成的。

三、伦理道德的源泉

罗素关于伦理道德源泉的意见，有如下列（《伦理学和政治学中的人类社会》，1954年，第28—37页）：

在整个有记录的人类历史中，道德信念有两种不同的来源：一是政治的，另一则同个人的宗教和道德信仰有关。任何令人感到满意的伦理理论，必须考虑个人道德和公民道德这种二重性。没有公民道德，社会就不能存在；没有个人道德，社会的存在就没有价值。因此，公民道德和个人道德对于一个美好的世界是同等重要的。

在一切已知的人类社会中，即使是最原始的社会，也存在伦理的信念和情绪。有些行为受到赞扬，有些行为受到谴责；有些行为受到奖励，有些行为受到惩罚。个人的某些行为被认为会给个人和社会带来繁荣，有些则带来毁灭。这种信念部分地是根据理智，但在原始社会则大部分是迷信。

原始社会的伦理源泉之一是禁忌（Tabu）。以禁忌为基础的道德形式，在文明社会中仍然残留，如印度教禁吃牛肉，回教和正统犹太人禁吃猪肉。

人开始变得文明时，不再满足于禁忌，而代之以神的命令和禁令，于是道德的要素变成服从。

每一个人的良心（Conscience），《新约》中的先知已经提到，新教予以恢复。上帝训示各人的良心，何谓善，何谓恶，毋须有外部的伦理权威。但良心在为社会团结提供道德基础上大为失败，因为良心是无政府力量，不能据以建立政治制度。

自始有一种完全不同的道德源泉，即社会妥协（Social compromise），或有取有予（Give and take）。这不依存于迷信或宗教，而只依存于对平安生活的欲望。你不偷我园子里的土豆，我也不偷你园子里的黄瓜，免去彼此防范之劳。

人是社会动物，不是由于本能（如蚂蚁），而主要是由于有些模糊的集体自利感（Collective self interest）。家庭是有坚实本能基础的群体单位，最早的社会可能是扩大的家庭。然而进一步的社会团结的主要根源是战争。由于战争是增强社会团结的动力，所以道德须由两部分组成：对待自己人群（Herd）的责任，对自己人群以外的个人或集团的责任。

就人群以内的道德、且其目的只限于促进社会合作者而言，最迫切的问题是，找出除个人力量以外的某种方法，去决定"什么东西应当属于何人"（What is to belong to whom）。大多数文明社会的解决办法是法律和财产，用来调节这两种制度的道德原则是公正（Justice）或舆论能接受为公正者，或者说公正的制度是造成不满的程度最小的制度。

就中国而言，春秋战国时期是伦理思想初步建立时期，有儒家、道家、法家、墨家四大派别。儒家的伦理思想对中国社会和文化的影响极大，几千年中成为中国人民奉行的经典。

从汉代至唐末五代，是伦理道德宗教化的时期。汉代董仲舒提出"罢黜百家，独尊儒术"，从此儒家的道德学说系统化、宗教化。随着佛教输入，儒佛结合，统治者利用佛教教义作为儒家道德学说的补充，除了忠孝之外，又有天堂地狱、因果报应。同时佛教、道教盛行，有一套宗教的伦理道德学说。

自宋元明至清代中期，旧的伦理思想发展到顶峰。程朱陆王对儒家伦理学说作了发展，建立了严格的封建礼教。但自明代中期以后，封建伦理道德开始发生动摇，明清之际的进步思想家的伦理学说已经具有一定程度的人本主义色彩。

从鸦片战争到五四运动时期，有改良派的伦理思想，也有资产阶级革命民主派的伦理思想，是近代西方民主思想与中国固有思想的混合体。

五四以后，马克思主义引入中国。中国马克思主义的先驱者、中国共产党的创始人和领导人在领导中国人民进行民主革命和社会主义革命与建设中，进一步发展了马克思主义的伦理学说。

然而历史是割不断的，传统是道德力量的根源之一，所以我们今天仍然要宏扬中华民族的传统美德，也要吸取人类文明的积极成果。

四、道德规范

道德规范在不同的时间和不同的空间有很大的不同。每一种社会都有自己的道德规范，其最后的决定因素是经济利益和政治权力。奴隶社会、封建社会、资本主义社会、社会主义社会的道德规范既有本质上的不同，也有共同之处。

一般说来，每一个人均应服从自己所在集团的道德规范。他这样做，不能责备他；他不这样做，在某种情况下可以受到赞扬，例如最初提倡宗教容忍的人、最初反对奴隶制的人，均曾被认为是"恶人"。

因此，罗素认为(《伦理学和政治学中的人类社会》，1954年，第40—50页)，在伦理学中有某种东西超出道德规范之上，用这些东西可以去评价道德规范。这种东西就是行为必须实现的目的，如一种行为能促进这种目的，那它就是对的或正当的，否则它就是错的或不正当的。这个目的就是"善"，善就是人类求生存、求发展的需要的满足。与之相反的是"恶"。所以应当用善、恶而不是用对、错来作为伦理学的基本概念。

因此，道德规范是达到善这一目的的手段。合乎善的行为都是道德的行为，否则就是不道德的行为。

我国社会主义精神文明建设的根本任务，就是要培养有理想、有道德、有文化、有纪律的社会主义公民，提高全民族的思想道德素质。要形成有利于改革开放和社会主义现代化建设健康发展的舆论力量、价值观念、道德规范、文化条件和社会风尚。

《纲要》(指《中华人民共和国国民经济和社会发展的"九五"计划和2010年远景目标纲要》，1996年3月17日第八届全国人民代表大会第四次会议批准)对道德方面的要求是："坚持不懈地加强爱国主义、集体主义、社会主义思想教育和艰苦奋斗的优良传统教育，使社会成员养成爱祖国、爱人民、爱劳动、爱科学、爱社会主义的基本社会道德。引导人们正确处理国家、集体、个人三者利益的关系，养成平等、团结、友爱、互助的新型人际关系，建立和推广尊老爱幼、尊师爱生的礼仪制度。树立良好的社会公德、职业道德和家庭伦理道德，宏扬中华民族传统美德，吸取人类文明的积极成果，提高社会道德水平。"

可见，社会主义社会的基本道德是五爱(爱祖国、爱人民、爱劳动、爱科学、爱社会主义)，这也是三个主义(爱国主义、集体主义、社会主义)的具体表现。其目的在引导人们正确处理国家、集体、个人三者利益的关系，以形成平等、团结、友爱、互助的人际关系。除了这种基本社会道德以外，具体还有社会公德、职业道德、家庭伦理道德以及尊老爱幼、尊师爱生等礼仪制度。

　　精神文明建设的范围，不以伦理道德为限。根据1996年10月10日中共十四届六中全会通过的《中共中央关于加强社会主义精神文明建设若干重要问题的决议》，今后15年精神文明建设目标体系的构成是，（1）在思想建设上做到两个牢固树立："在全民族牢固树立建设有中国特色社会主义的共同理想，牢固树立坚持党的基本路线不动摇的坚定信念。"（2）在公民文明素质和社会文明程度上达到三个显著提高：一是要实现以思想道德修养、科学教育水平、民主法制观念为主要内容的公民素质的显著提高；二是要实现以积极健康、丰富多彩、服务人民为主要内容的文化生活质量的显著提高；三是要实现以社会风气、公共秩序、生活环境为主要标志的城乡文明程度的显著提高。

　　《决议》对思想道德建设的基本任务做了如下的规定："坚持爱国主义、集体主义、社会主义教育，加强社会公德、职业道德、家庭美德建设，引导人们树立建立有中国特色社会主义的共同理想和正确的世界观、人生观、价值观。我们现在建设和发展有中国特色的社会主义，最终目的是实现共产主义，应当在全社会认真提倡社会主义、共产主义思想道德。同时要把先进性要求同广泛性要求结合起来，鼓励支持一切有利于解放和发展社会主义社会生产力的思想道德，一切有利于国家统一、民族团结、社会进步的思想道德，一切有利于履行公民权利与义务、用诚实劳动争取美好生活的思想道德，团结和引导亿万人民积极向上，不断提高全民族的思想道德水平。"

五、道德的力量

推到极点，一个人可以为了他人和集体的利益而牺牲自己的生命，可见道德的力量是十分巨大的，因为人人都乐于生存，死是不容易的（千古艰难唯一死，伤心岂独息夫人）[①]。

道德之所以有力量，是因为我们所界定的善恶，是以人性为基础的。首先，人有恻隐之心，即"不忍人之心"，亦称为"恕"。因此，从消极方面说，有"己所不欲，勿施于人"（《论语·卫灵公》）；从积极方面说，有"己欲立而立人，己欲达而达人"（《论语·雍也》）；"老吾老以及人之老，幼吾幼以及人之幼"（《孟子·梁惠王上》）。西方也有"自己活，也让别人活（Live and let live）"的说法。

其次，人有羞恶之心，即是义。仁爱之心指明应该做什么；羞恶之心指明应该做的就坚决要做，不应该做的就坚决不做，这就是义。所以说"仁，人心也；义，人路也"（《孟子·告子上》），即是说义是爱的见诸行动者。唐韩愈说"博爱之谓仁，行而宜之之谓义"（《原道》）。

孔子对于义利之辨，说"不义而富且贵，于我如浮云"（《论语·述而》）。他也说："志士仁人，无求生以害仁，有杀身以成仁。"（《论语·卫灵公》）

孟子的鱼与熊掌的比喻，是非常著名的，他进而提出了"舍生取义"和"患有所不避"的教训。孟子的义还表现在他的"浩然之气"上。在讨论"志"和"气"的关系时，他的学生公孙丑

[①] 清人邓汉仪《题息夫人庙》诗。息妫，春秋时息侯夫人。楚文王慕其美，灭息后将其夺归。息妫终日不言，楚王问故，她说："吾一妇人，而事二夫，终不能死，其又奚言？"（《左传》庄公十四年）

问他:"敢问夫子恶乎长?"他回答说:"我善养吾浩然之气。"又问:"敢问何谓浩然之气?"回答说:"难言也。其为气也,至大至刚。以直养而无害,则塞于天地之间。其为气也,配义与道,无是,馁也。是集义所生者,非义袭而取之也。行有不慊于心,则馁矣。"(均见《孟子·公孙丑上》)

南宋伟大的民族英雄文天祥在《正气歌》中进一步阐发了孟子的浩然之气。他在《过零丁洋》一诗中已经表明了生死置之度外的决心:"人生自古谁无死,留取丹心照汗青。"他被元朝监禁三年,受尽折磨,经历了种种威胁利诱,终于以死报国,支持他的就是这种正气。

《正气歌》首先阐明什么是正气:"天地有正气,杂然赋流形(正气表现为各种形态)。下则为河岳,上则为日星;于人曰浩然,沛乎塞苍冥(人的正气就是浩然之气,充塞于天地之间)。皇路当清夷,含和吐明庭(政治清明时,就在朝廷里伸张正义)。时穷节乃见,一一垂丹青。"遇到艰难的世途,就可以看出一个人的节操,这在历史上都有记载。他举出十二个例子,作为典型。

(1)"在齐太史简"。太史是古代掌管史册(简)记事的官吏。春秋时齐国的崔杼杀了他的国君,一个太史立即将其罪行记入史册。崔杼把他杀了。太史的两个弟弟继续这样做,也都被杀。太史的另一个弟弟还是这样写,崔杼无奈,只好让史书上记着"崔杼弑(下杀上)其君"。

(2)"在晋董狐笔"。董狐是春秋时晋国的史官,也和上面的几位齐国太史一样,秉笔直书,坚持正义。

(3)"在秦张良椎"。张良是战国时期韩国人。秦灭韩国,他为了报仇,在博浪沙(今河南省原阳县南)用大铁椎袭击秦始皇,不幸未中。

(4)"在汉苏武节"。苏武被汉帝派遣出使匈奴,不肯投降,被流放到北海牧羊，拘留十九年，手中总是持着"汉节"（汉朝发的身份凭证），终于归汉。

（5）"为严将军头"。三国时期严颜是刘璋手下的将军，镇守巴郡，后被张飞抓住，叫他投降。他说："我们这里只有断头将军，没有投降将军。"张飞大怒，要杀他，他神色不变地说："砍头就砍头，为什么这样发怒呢！"终于被释。

（6）"为嵇侍中血"。嵇绍是晋惠帝的侍中（官名），在与叛乱的贵族作战中，用自己的身体掩护惠帝，被杀时血溅到惠帝身上。战后惠帝不让人洗这件衣服，说"上面有嵇侍中的血"。

（7）"为张睢阳齿"。唐朝时张巡守睢阳（今河南商丘县），安禄山造反，围困睢阳，张巡死守数月，上阵督战时，大声叫喊，牙齿咬碎，城破被俘，骂不绝口，敌人用刀刺进他口中，英勇就义。

（8）"为颜常山舌"。安禄山造反时，颜杲卿做常山太守，城破被俘，骂不绝口，敌人钩断他的舌头，不屈而死。

（9）"或为辽东帽，清操厉冰雪"。三国时期魏国人管宁隐居辽东（今辽宁省东南部），平日喜戴白帽，不与当时黑暗势力妥协，廉洁的品格严肃得如同冰雪。

（10）"或为出师表，鬼神泣壮烈"。诸葛亮率师伐魏之前，给蜀汉后主刘禅上表，提出建议和批评，并表示不计较个人利害得失，为统一事业奋斗，有"鞠躬尽瘁，死而后已"之句。

（11）"或为渡江楫，慷慨吞胡羯"。东晋时爱国志士祖逖一心想收复沦陷土地，过长江时敲着船桨发誓，如不平定中原，即不再过此江。后来终于收复黄河以南失地。

（12）"或为击贼笏，逆竖头破裂"。唐朝时朱泚谋反，段秀实不从，一天在商事时用手持的笏猛击朱泚头部，唾面大骂，因此遇害。

文天祥在列举了这些典范之后总结说："是气所磅礴，凛烈万古存，当其贯日月，生死安足论。"这十二个人基本上都是为了爱国（古人以君主为国家的代表，他们所理解的忠君，其实就是爱国，宋朝抗金名将岳飞的背上，就有他母亲所刺的"精忠报国"四字），而置个人生死于度外的。

我们对于道德的标准，即何谓善、何谓恶，已经有了自己的定义。由于这种道德是以人的恻隐之心（仁）为基础的，所以能使人有坚定的道德信念；由于这种道德是以人的羞恶之心（义）为基础的，所以能使人有实践道德信念的决心。因此道德具有巨大的力量。

六、道德修养

要使道德能发挥它的巨大力量，个人必须从事道德修养。这种修养，我以为要从四个方面入手：要有崇高的道德理想，要有深厚的道德情感，要有坚强的道德意志，要有健康的道德环境。

（一）崇高的道德理想

理想是人生奋斗的长远目标。一个人对于自己个人的前途，对于自己所处社会的前途，每每怀抱有一定的理想，而这种理想，就是使道德产生力量的根源。

中国古代人的社会理想，是天下为公的大同世界。《礼记·礼运》："大道之行也，天下为公。选贤与能，讲信修睦。故人不独亲其亲，不独子其子。使老有所终，壮有所用，幼有所长，矜寡孤独废疾者皆有所养。男有分，女有归。货恶其弃于地也，不必藏于己。力恶其不出于身也，不必为己。是故谋闭而不兴，盗窃乱贼而不作，故外户而不闭，是谓大同。"

现代人的社会理想，是共产主义社会。《政治经济学辞典》下

册,(许涤新主编,1981年,第236—237页):

"完全的共产主义即共产主义社会的第二阶段,是在社会主义的基础上发展起来的更成熟的阶段。在共产主义社会的高级阶段,社会生产力将达到很高的发展水平,国民经济的一切部门都将建立在最先进的科学技术的基础上;全体社会成员都将受到全面训练,成为全面发展、能够胜任多种工作的人;社会劳动生产率将极大提高,社会产品将极大丰富。与此相适应,在生产关系和上层建筑方面,共产主义全民所有制将成为唯一的所有制形式;工业和农业、城市和乡村、体力劳动者和脑力劳动者的本质差别将归于消灭,人们将不再因为旧的分工而长期被束缚于某一行业;全体社会成员的劳动日将大大缩短,劳动将不仅是谋生手段,而且成为人们生活的第一需要;人人将具有高度的共产主义觉悟和道德品质,自觉地,尽其所能地,不计报酬地为公共利益工作;个人消费品的分配将实行各取所需,社会将保证每一个社会成员作为一个有高度文化的人的一切合理的需要都将得到充分的满足;由于阶级和阶级差别的消灭,由于各取所需的实现,国家将完全消亡。在共产主义社会的高级阶段,社会矛盾将表现为社会成员中先进和落后、正确和错误之间的矛盾。这种矛盾推动着共产主义社会继续向前发展。"

两种社会理想在本质上有惊人的相似之处,不过由于人类文化的进步,今天的社会组织比从前更复杂而已。

在个人理想方面,每一个人都希望自己能有所作为,对社会作出杰出的贡献。古人提出"三不朽"作为奋斗目标:"太上有立德,其次有立功,其次有立言。虽久不废,此之谓不朽。"(《左传》鲁襄公二十四年)德是指道德(《易·乾文言》:"君子进德修业");指恩惠(《书·盘庚上》:"汝克黜乃心,施德于民"),例如大禹治水。

第十章 人性与伦理道德

现代人的个人理想，是"全心全意为人民服务"。毛泽东在《纪念白求恩》（1939年）中说，我们都要学习白求恩[①]"毫无自私自利之心的精神。从这点出发，就可以变为大有利于人民的人。一个人能力有大小，但只要有这点精神，就是一个高尚的人，一个纯粹的人，一个有道德的人，一个脱离了低级趣味的人，一个有益于人民的人。"在张思德[②]的追悼会上，毛泽东作了《为人民服务》的讲演（1944年），他说共产党、八路军、新四军"是彻底地为人民的利益工作的"，要奋斗就会有牺牲，"但是我们想到人民的利益，想到大多数人民的痛苦，我们为人民而死，就是死得其所。"他说："人总是要死的，但死的意义有不同。中国古时候有个文学家叫做司马迁的说过：'人固有一死，或重于泰山，或轻于鸿毛。'为人民利益而死，就比泰山还重；替法西斯卖力，替剥削人民和压迫人民的人去死，就比鸿毛还轻。张思德同志是为人民利益而死的，他的死是比泰山还要重的。"

一个人在一生中所从事的具体工作，是由个人的性情、才能、环境、家庭、朋友、社会、国家的需要、时代的趋势等等的影响所决定的，千差万别。但是只要怀抱崇高的社会理想和个人理想，他就有可能成为一个有高尚道德的人。

（二）深厚的道德情感

在第四章我们曾提到人的社会情感中有道德感。这是关于人的思想行为是否符合道德规范、是否满足人的道德需要的情感体验。个人在社会环境中生活，在人们交往过程中和教育作用下，掌握了社会道德规范，形成了一定的道德信念，并转化为自己的

[①] 白求恩是加拿大人，五十多岁，受加拿大劳工进步党(他是党员)和美国共产党派遣，来华帮助抗日战争。1938年春到延安，后来到五台山工作，不幸以身殉职。

[②] 张思德1932年参加革命，经过长征，负过伤，是中共中央警卫团战士，共产党员，1944年9月5日在陕北安塞县山中烧炭，窑塌牺牲。

道德需要。对合乎道德规范的言行,产生肯定的感情;对违背道德规范的言行,产生否定的感情。

在中国,儒家的仁爱和正义的伦理思想,是建立在人的恻隐之心和羞恶之心的本性之上的,由此而产生的道德情感,是非常深厚的。

孟子认为,"墨子兼爱,摩顶放踵(损伤身体),利天下为之"(《孟子·尽心上》)。虽然孟子对墨子横加攻击(他说"杨氏为我,是无君也;墨氏兼爱,是无父也。无父无君,是禽兽也"《孟子·滕文公上》),然而有识之士,却作出了公正的评论:"墨子则达于天人之理,熟于事物之情,又深察春秋战国百余年间时势之变,欲补弊扶偏,以复之于古,郑重其意,反复其言,以冀世主之一听。虽若有稍诡于正者,而实千古有心人也。尸佼谓孔子贵公,墨子贵兼,其实则一。韩非以儒墨并为世之显学,至汉世犹以孔墨并称,尼山(孔子)而外,其莫尚于此老乎?"(清俞樾《墨子序》,载孙诒让著《墨子闲诂》)

墨子的兼爱学说的要点是(《墨子·兼爱》上中下三篇,大意相同):圣人以治天下为事,但不知乱之所自起,则不能治。乱起于不相爱。若使天下兼相爱,爱人若爱其身,则天下可治。视父兄与君若其身,就没有不孝的;视弟子与臣若其身,就没有不慈的。视人之室若其室,谁窃?视人身若其身,谁贼?视人之家若其家,谁乱?视人之国若其国,谁攻?爱人者,人必从而爱之。若使天下兼相爱,国与国不相攻,家与家不相乱,盗贼无有,君臣父子皆能孝慈,若此则天下治。

英国哲学家罗素说:"我愿意看到的世界是一个情绪强烈但不具破坏性的世界,这种情绪既然得到承认,它们就不会去欺骗自己或他人。这样一个世界会充满爱和友谊,以及对艺术和知识的追求。"(《伦理学和政治学中的人类社会》,1954年,第11页)

罗素认为（《为什么我不是基督教徒》，1957年，商务印书馆中译本，第41—49页），高尚的生活是受爱激励并由知识引导的生活。爱和知识都是能无限延伸的，因此，不管生活得多么高尚，总还能想象出更高尚的生活来。没有知识的爱与没有爱的知识，均不可能产生高尚的生活。在中世纪，当瘟疫在一国流行时，圣徒们劝百姓集合在教堂祈祷，结果传染更快，这是有爱而无知识的例证；在两次世界大战中的大规模死亡，则是有知识而无爱的例证。虽然爱与知识均属必不可少，爱却是更基本的，它会引导人们去寻求知识，找到为所爱者造福的方法。

罗素认为，爱是一个包含多种感情的词。爱是在两个极端之间游移的：在一个极端，有冥想中的愉快；在另一个极端，有仁慈。我们爱看风景画，爱听奏鸣曲，爱某些人身上具有的魅力，因为使自己感到愉快。有些人愿意冒生命危险去帮助麻疯病人，这是出于仁慈。为他人谋福利的愿望，在父母对待子女的感情中至为强烈。最充实的爱是愉快与良好愿望的不可分割的结合，例如父母喜爱美健而又有成就的子女，以及最美好的性爱。没有良好的愿望，愉快也许是残忍的，没有愉快，良好愿望容易流于冷酷，近于傲慢。

在完美的世界中，每个人都会是别人最充实的爱的对象，这种爱是由愉快、仁慈以及相互了解不可分割地交织起来的。但这并不是说，在现实世界中，我们对一切人均应具有这些情感。有许多人，不会令人感到愉快。仁慈虽然更容易广泛延伸，但仍然有它的限度。对于竞争者的感情不可能是完全仁慈的。罗素认为："一切有关这个世界上高尚生活的描述，都应当以动物的活力与本能为某种基础；没有这个基础，生活就变得单调平淡，索然无味。"因此，人们在一定程度上强调愉快的因素，作为最完美的爱的一个组成部分。愉快不可避免地具有选择性，使人们无法对整个人类具有同样的感情。当愉快与仁慈发生冲突时，一般用妥协办法解决，而不是以愉快或仁慈完全屈服而告终。本能有它的权利，如果触犯本能超过某一限度，它就会微妙地进行报复。因此，在以高尚生活为目标时，必须记住人类可能做到的限度。

所谓知识是高尚生活的一部分，指的不是道德知识，而是科学知识和有关特殊事实的知识。有了要达到的目的，再去探索达到目的的手段，这就是科学的问题了。假定你的孩子病了，爱使你产生治疗孩子的欲望，而科学告诉你如何治疗。你的行动直接产生于达到某一目的的欲望和采用什么手段的知识。一切行动，不论好坏，均是如此。目的可以有所不同，知识也有充分与否之分。但很难想象有什么方法可以使人违背自己的欲望行事，可能做到的是用赏罚或社会舆论改变人们的欲望。可见，使道德区别于科学的只是欲望，而不是任何特种的知识。当说高尚的生活包含知识引导下的爱时，激励着我的欲望，就是希望我尽可能过这种生活，同时也看到别人过这种生活的欲望。在一个人们以这种方式生活的社会里，将会比一个较少爱或较少知识的社会里，能够满足更多的欲望。

以爱作为驱力的道德情感，是强有力的行为动机，使人的道德行为是自然而然，不待勉强的。有人说，与法律相比，道德有两个方面的优越性，"一是不择时不择地（或说永远跟着），此即古人所谓'尚不愧于屋漏'；①二是不会有逾闲②的危险，因为定型为强烈的取义之心，管得严，就不会知而不行"（张中行《顺生论》，1993年，第121页）。道德要能具有这种优越性，只在它转化为道德情感和道德需要以后。

常常有人提到"良心"或"良知"。实质上，良心或良知不外

---

① 在暗室中也不做坏事。
② 超越范围，《论语·子张》："大德不逾闲，小德出入可也。"

是人的道德感，是一种高尚的情操。

良心、良知两词，均源于孟子。孟子说，牛山上的树木过去是很茂盛的，由于它在大国的郊野，人们不断砍伐，以致变成童山濯濯，据此说牛山不长树木，这岂是山的本性？人也是一样，"虽存乎人者，岂无仁义之心哉？其所以放其良心者，亦犹斧斤之于木也"（《孟子·告子上》）。良知是天赋的分辨是非善恶的智能，孟子说："人之所不学而能者，其良能也；所不虑而知者，其良知也。"（《孟子·尽心上》）明王守仁本此而演绎为良知说，主张知行合一。他说："是非之心，人皆有之，即所谓良知也。孰（谁）无是良知乎？但不能致之耳。《易》谓'知至至之'，'知至'者，知也；'至之'者，致知也。此知行之所以为一也。"（《王文成公全书》，卷五《文录》二《书与陆之静》[辛巳]）这就是说，良知中本来具备的（知），要使它显露出来（行），即是知行合一。良心或良知，乃是人所特有的道德感，能使人自发地作出道德的行为。

西方哲学家也承认有良心。18世纪法国启蒙思想家卢梭认为良心是上帝的声音，他说："良心，良心！你是神圣的本能，不朽的天堂呼声；你是一个无知而且狭隘的生物的可靠导师；你是理智而且自由的；你是善与恶万无一失的评判者；你使人与神相似；是你造成了人的天性的优越和人的行为的道德；要是没有你，我就在心里感觉不出任何东西使我高于禽兽了。"（《十八世纪法国哲学》，商务印书馆，1963年，第184页）

19世纪德国哲学家费尔巴哈认为良心是人对人的同情心的表现，他说："我的良心无非是站在被害的'你'的地位上的我的'我'；无非是本人追求幸福的愿望为基础并且遵从这一愿望的命令的、别人幸福的代表者。因为，只是由于我从本人的感觉中知道疼痛是什么滋味，只是由于我避免受苦的那个动机，我才能由于使别人受苦而感觉到良心的谴责……只有求得幸福的心才是使人不去或者应当不去作恶的道德规范和良心。"(《费尔巴哈著作选集》上册，三联书店，1959年，第437页)

马克思说："良心是由人的知识和全部生活方式来决定的。""共和党人的良心不同于保皇党人的良心，有产者的良心不同于无产者的良心……"(《马克思恩格斯全集》第6卷，第152页)

只有深厚的道德情感，才能使人的行为合乎道德规范。

（三）坚强的道德意志

恩格斯说："如果不谈谈所谓自由意志、人的责任、必然和自由的关系等问题，就不能很好地讨论道德和法的问题。"(《马克思恩格斯选集》第3卷，第152—153页)

伦理学中的所谓意志自由，是指人们在社会生活中在处理自己与他人、个人与社会的利益问题时，有选择道德行为和不道德行为的自由。由于人们有选择自己行为的自由，他就有对自己行为所应负的责任，即道义上的责任。

这种意志自由，在下列场合表现出来。第一，当冲动与智力发生冲突时，个人应当运用自己的智力，去扩大某些冲动的作用范围，缩小某些冲动的作用范围，从而使自己的欲望得到更大的满足，使自己的幸福得到更大的增进。第二，人有社会性和孤独性，在孤独生活中，应当不做侵犯他人的社会利益的事情。第三，人的行为动机，除了冲动和激情之外，也有自觉的目的。在这种目的和达到目的的手段的选择上，有个人意志的自由。第四，人的欲望作为手段，是有好坏之分的，比如贪欲、竞争、虚荣心、权力欲，都是恶的或可能致恶的欲望，所以必须加以节制。从以上四个方面来说，必须有选择道德行为的坚强意志，才能使道德的功能得到充分发挥。

关于意志自由，在伦理史上有过不同的意见争论。一方面有机械唯物主义的决定论，认为人是环境的产物，人的行为和品质是由人的生活环境决定的，与人自身的主观意志无关。另一方面，有意志绝对自由论，认为人的意志是绝对自由，不受客观必然性制约。两者均失之于偏。恩格斯说："自由不在于幻想中摆脱自然规律而独立，而在于认识这些规律……这无论对外部自然界的规律、或对支配人本身的肉体存在和精神存在的规律来说，都是一样的……因此，意志自由只是借助于对事物的认识来作出决定的那种能力。"（《马克思恩格斯全集》第20卷，第125页）当人们深刻地认识社会道德关系和道德规范体系，并将其变成个人的内心信念时，外部的道德要求就会变成内心的道德需要，人人就具有选择道德行为的意志自由。

（四）健康的道德环境

罗素认为，人在出生之后数日，是两个因素的产物：一方面，有自然的天赋；另一方面，有环境（包括教育）的影响。两方对二者的相对重要性有过无止的争论。达尔文以前的改革家，在18世纪和19世纪初，几乎将一切归之于教育；达尔文以后有强调遗传（与环境相对）的趋势。争论只涉及二者的相对重要程度，人人必须承认它们各自所起的作用。可以确有把握地说，决定成年人行为的欲望和冲动在很大程度上依存于他所受的教育和他面临的机会。二者之所以重要，是因为某些冲突和欲望，当其存在于两个人或两个集团时，主要涉及斗争，这是由于一个的满足与另一个的满足不能相容；另外的冲动和欲望，一个人或一个集团的满足对另一个人或另一个集团的满足是有帮助的，或者至少是不妨碍的，因此是可以彼此相容的。借用莱布尼兹的话来说，两种欲望或冲动可以相容时称为"两立的"（Compossible），不能相容的称为"冲突的"（Conflicting），前者如两人都想发财，一人种植棉花，一人开棉纺织厂；后者两个人都想竞选总统，只有一个人能获胜。在个人生活中也可以发生同样的情况，例如，既想要今晚酩酊大醉，又想要明晨神志清明，就是不能相容的欲望。在一个世界上，个人和集团的目的可以两立时，要比互相冲突时幸福一些。一个健全的社会制度，应当增大两立的目的，抑制冲突的目的。教育和为此目的而设计的其他各种社会制度，就是实现这种理想的手段。（参见《伦理学和政治学的人类社会》，1954年，第18—19页）

近代心理学认为，在遗传与环境的交互作用中，究竟何者对个体身心发展的影响较大？端视个体成熟程度及其身心两方面的特征而定。概括言之，大致遵循三大原则：（1）个体在出生前的发展，主要由遗传因素决定。（2）个体出生后的幼稚阶段，属于身体方面的特征，遗传的影响大于环境；属于心理方面的特征，环境的影响大于遗传。（3）个体发展趋于成熟阶段，影响个体身心发展的主要是环境因素。（参见张春兴《现代心理学》，1994年，第349页）

"人的冲动、思想和行为都来源于他的天性与他降生在其中的环境之间的关系上"；"环境这个词包括周围的事物，又包括我们出生后获得的传统和应急手段。"（格雷厄姆·沃拉斯《政治中的人性》，1915年，商务印书馆中译本1995年，第37页）就道德修养而言，需要有健康的道德环境。

一曰教育。孟子说，"君子有三乐，而王天下不与存焉。父母俱存，兄弟无故，一乐也；仰不愧于天，俯不怍于人，二乐也；得天下英才而教育之，三乐也"（《孟子·尽心上》）。东汉许慎谓："教，上所施，下所效也。""育，养子使作善也。"（《说文解字》）瑞士教育家裴斯泰洛齐认为教育就是"依照自然的法则，发展儿童道德、智慧和身体各方面的能力"（转引自华中师范学院等校教育系编《教育学》，1980年，第5页）。我国《教育法》（1995年）

规定:"教育必须为社会主义现代化服务,必须与生产劳动相结合,培养德、智、体等方面全面发展的社会主义事业的建设者和接班人"(第五条);"国家对受教育者进行爱国主义、集体主义、社会主义的教育,进行理想、道德、纪律、法制、国防和民族团结的教育"(第六条)。可见古往今来,都强调教育在培养道德中的作用。

罗素认为,个人的欲望决定个人的行为,而个人的欲望在很大程度上是可以由教育予以改变的;很显然,这种改变如果是有意为之的话,应以使个人的欲望尽可能地与总体的善相符合为宗旨(参见《伦理学和政治学中的人类社会》,1954年,第149页)。

二曰舆论。人们在日常生活中,每每对周围发生的事件和人的行为,自觉或不自觉地发表议论,表示赞成或不赞成,大众传媒如广播、电视、报纸、杂志、书籍等起同样的作用,这就形成了社会舆论。舆论的赞扬和遣责,对人的行为产生巨大的影响。

不过社会舆论的赞扬和遣责对行为影响,不一定都是好的。罗素认为,"钦佩拿破仑的,不仅有法国人,还有他所征服的国家的许多人,如德国人和意大利人。对这种大人物适用的,对小人物在小范围内也同样适用。于社会无益的成功形式受到赞扬;而在迷信伦理存在的地方,并无害处的行为每每受到谴责"(《伦理学和政治学中的人类社会》,1954年,第149—150页)。马克思说:"对于我从来就不让步的所谓舆论的偏见,我仍然遵守伟大的佛罗伦萨诗人的格言:走你的路,让人们去说罢!"(《资本论》,第1卷,第1版序言)

三曰传统。我国精神文明建设提出要宏扬中华民族传统美德,即由历史沿传而来的优良道德。罗国杰认为:"中国的优秀伦理道德和良风美俗,不仅源远流长、丰富多彩,而且同世界许多国家、特别是东方各国,有着密切的关系。在世界许多华人较多的国家,直至今日，到处都可以看到中华民族的优秀伦理道德传统在现代社会中的深刻影响和巨大作用。因此，中华民族的优秀伦理道德传统，不仅是中华民族的珍贵遗产，同时也是全人类的精神财富。宏扬中华民族的优秀道德传统，有着重要的世界意义。"（《什么是中华民族优良道德传统》，载 1994 年 3 月 23 日《人民日报》）

罗国杰列举了五种这样的传统美德：（1）强调整体精神，强调为社会、为民族、为国家的爱国主义思想；（2）推崇仁爱原则，强调"厚德载物"和人际和谐；（3）提倡人伦价值，强调每个人在人伦关系中的权利和义务；（4）追求精神境界，向往理想人格；（5）重视修养践履，强调道德的主体能动作用。

四曰制度。健康的经济制度和政治制度，对于道德修养能起重大的辅助作用。罗素认为："事实上，没有办法可以确保每一个人总是有德行的，因此制裁是多少的问题。某些制度产生更多的德行，其他的制度少一些；某些伦理学说较有利于对社会可取的行为，其他的差一些。大体说来，道德家和政治家的目的，应当使个人和集体的满足产生最大可能的一致性，以便尽量使一个人为追求自己的满足的行为也是为他人带来满足的行为。在任何给定社会中在多大程度上存在这种一致性，依存于各种因素，其中有三个特别重要：（1）社会制度。（2）个人欲望的性质。（3）赞扬和遣责的标准。三者中社会制度或许是最重要的。"[①]

中国历来重视经济与道德的关系。《管子》说："凡有地牧民者，务在四时，守在仓廪。国多财，则远者来；地辟举，则民留处。仓廪实则知礼节，衣食足则知荣辱。"[②]

---

① Bertrand Russell, Human Society in Ethics and Politics, p.148.
② 《管子·牧民》。

孟子对齐宣王也反复说明了"恒产"与"恒心"的关系[①]：

无恒产（固定的田产）而有恒心（安定的善心）者，惟士（读书人）为能。若民（一般老百姓）则无恒产，因无恒心。苟无恒心，放辟邪侈，无不为已，及陷于罪，然后从而刑之，是罔民（坑害百姓）也。焉有仁人在位，罔民而可为也？

是故明君制民之产（规定百姓的田产），必使仰足以事父母，俯足以畜妻子。乐岁（好年成）终身饱，凶年（坏年成）免于死亡。然后驱而之善（督促他们好好行善），故民之从之也轻（很容易听从）。

今也制民之产，仰不足以事父母，俯不足以畜妻子。乐岁终身苦，凶年不免于死亡。此唯救死而恐不赡（人的生命还难保全），奚暇治礼义哉（哪有功夫去讲求礼义）？

我们今天讲生存权，也是同一个道理。如果人民到了无法生存的地步，不但谈不上道德，就连这个国家也会出现"土崩"的局面。汉朝徐乐给汉武帝上书，对于土崩瓦解四字说得十分透彻："天下之患，在于土崩，不在瓦解。古今一也。何谓土崩？秦之末世是也。陈涉无千乘之尊、尺土之地，身非王公、大人、名族之后，乡曲之誉，非有孔、曾、墨子之贤，陶朱、猗顿之富也。然起穷巷，奋棘荆，偏袒大呼，天下从风，此其故何也？由民困而主不恤，下怨而上不知，俗已乱而政不修，此三者陈涉之所以为资也，此之谓土崩。故曰天下之患在乎土崩。何谓瓦解？吴、楚、齐、赵之兵是也。七国谋为大逆，号皆称万乘之君，带甲数十万，威足以严其境内，财足以劝其士民，然不能西攘尺寸之地，而身为禽于中原者，此其故何也？非权轻于匹夫、而兵弱于陈涉也。

[①] 《孟子·梁惠王上》。

当是之时，先帝之德未衰，而安土乐俗之民众，故诸侯无竟外之助，此之谓瓦解。故曰天下之患不在瓦解。此二体者，安危之明要，贤主之所宜留意而深察也。"（《资治通鉴》，卷十八，汉纪十》，着重号是本书作者所加）一篇治国的大道理，说明内忧重于外患，内忧则由于忽视人民的生存权，仍然令人警惕。

政治制度，尤其是刑法，是道德的重要补充。对于严重违反道德规范的行为，如杀人、放火、强奸、偷盗，法律予以制裁。制裁的目的，主要不是惩罚，而是制止和改造，即所谓"刑期于无刑"，"杀一儆百"。

上述教育、舆论、传统、制度，构成了个人的道德环境，要使它们达到有利于道德行为的目标，必须使之符合健康的要求。

五曰自我解剖。鲁迅主张解剖自己要严于解剖他人。儒家的自我解剖就是反省和慎独。曾子（曾参，孔子的学生）说："吾日三省吾身：为人谋而不忠乎？与朋友交而不信乎？传不习乎？"（《论语·学而》）孟子说："有人于此，其待我以横逆，则君子必自反也；我必不仁也，必无礼也，此物奚宜至哉？其自反而仁矣，自反而有礼矣，其横逆由是也，君子必自反也，我必不忠。"（《孟子·离娄下》）所谓慎独，就是诚意，《大学》解释诚意说："所谓诚其意者，无自欺也。如恶恶臭，如好好色，此之谓自廉，故君子必慎其独也。小人闲居为不善，无所不至；见君子而后厌然，掩其不善，而著其善。人之视己，如见其肺肝然，则何益矣？此谓诚于中，形于外，故君子必慎其独也。曾子曰：'十目所视，十手所指，其严乎！'富润屋，德润身，心广体胖，故君子必诚其意。"（《大学》传之五章）老子说："知人者智，自知者明。"（魏源撰《老子本义》第二十八章）希腊帕尔那索斯山上的德尔斐有阿波罗神庙，入门处写着："人啊，认识你自己吧！"据说古希腊哲人苏格拉底和柏拉图都很推崇这句箴言。

七、自制与宽容

在伦理道德这一章结束之前,有两种品德我想要特别强调一下,这就是自制与宽容。自制是对己而言,宽容是对人而言,两者都是很不容易做到的。

所谓自制(Self-control),就是控制自己。控制自己的欲望,控制自己的感情。老子说,"胜人者有力,自胜者强"(魏源撰《老子本义》,第二十八章)。萧伯纳在《重获长生》一剧中,在第四部分"一位老年绅士的悲剧"的第一幕里,有这位绅士和他在长寿园中(人活到三百岁)的"护士"(佐)的一段对话(前引书,第229—230页):

佐:你从未听说过,我们子孙偶尔也有返祖现象,生下来就是短命的吗?

老人(热切地):没有。我希望你不要介意,如果我能由这样一位正常人照料,我会感到十分欣慰。

佐:你说的是不正常的人。你的请求是不可能的,我们已经将其完全刈除了。

老人:你说将其刈除,使我感到不寒而栗。我希望你不是在说,你们……你们……你们用任何方式将其置诸死地吧?

佐:为什么不?你没有听到一位中国圣人狄宁[①]说过,一座好花园需要刈除杂草吗?然而用不着我们干预。我们对于自己同意生存下去的条件,自然是十分严格的。人们并不在乎偶尔丧失一只胳膊,或者一条腿,或者一只眼睛;归根

---

① 原文为 Dee Ning,此处译音。

到底，没有一个长着两条腿的人会因为没有三条腿而感到不快；那么，为什么一个只有一条腿的人会因为没有两条腿而感到不快呢？但是心理上和脾气上的弱点那就完全是另外一回事了。如果我们中间有一个人不能自制，或者太脆弱了，以致不能毫不畏缩地承担起我们的真实生活的压力，或者为邪恶的肉欲和迷信所折磨，或者不能使自己摆脱痛苦和沮丧，那么他就自然会感到气馁，不愿再活下去。

老人：啊！天啊！你是说，割断他的喉管？

佐：不，他为什么要割断自己的喉管呢？他只是死去。他想死。他感到侷促不安，像我们所说的。

关于宽容（Tolerance），《大英百科全书》记载（第 26 卷，第 1052 页）：此字源于拉丁文 tolerare，意思是，容许别人有行动和判断的自由；对不同于自己或传统观点的见解给予耐心而公正的容忍。

美国著名作家房龙（Hendrik van Loon）认为，"恐惧是所有不宽容的起因"（《宽容》，1940 年，三联书店译本，1986 年，第 386 页）。

中国古代有一个著名的在政治上表现宽容的例子，那就是《左传》上记载的"子产不毁乡校"。子产（？—公元前 522）是春秋郑国的出身于贵族的政治家，曾在郑国长期当政。鲁襄公三十一年（公元前 542 年），郑国的人民在"乡校"（一种乡间的公共场所，作为学校和乡人聚会议事的地方）议论当政的人。一位官员然明对子产说："把乡校都毁掉怎么样？"子产说："那为什么呢？人民早晚去那里休息，议论执政的人所作所为的好与坏。他们说好的我就做，他们讨厌的我就改，他们正是我的老师，为什么要毁掉那些地方呢？我听说过应当忠于为善，以减少人民的怨恨；没有听说过应当运用权力去防止人们的怨恨。运用权力岂不能马上制止？但是正如阻止大江大河一样，必定造成大大决口，死伤的人一定很多，那时我就无法收拾了。所以不如让它有小小的决口，从而加以疏导；不如听听忠言，实行补救。"然明说："我从今以后，知道了你是可以信赖的领导人，也证明我自己愚蠢。如果真是这样做，那就是郑国安全的保证，岂只是对我们两三个做臣子的而言？"孔子后来听到子产的话，就说："从这点看，人家说子产'不仁'，我才不相信呢。"

《左传》的原文是这样的：

（鲁）襄公三十一年

郑人游于乡校，以论执政。然明谓子产曰："毁乡校何如？"子产曰："何为？夫人朝夕退而游焉，以议执政之善否。其所善者，吾则行之；其所恶者，吾则改之，是吾师也。若之何毁之？我闻忠善以损怨，不闻作威以防怨。岂不遽止？然犹防川，大决所犯，伤人必多，吾不克救也。不如小决使道，不如吾闻而药之也。"然明曰："蔑也今而后知吾子之信可事也，小人实不才。若果行此，其郑国实赖之，岂唯二三臣？"仲尼闻是语也，曰："以是观之，人谓子产不仁，吾不信也。"

从这里也可以看出，儒家所说的"仁"，是包含宽容的。尽管孟子对待杨朱墨翟并不宽容，但他的对待"横逆"的态度，还是体现了"仁者爱人"之心的。

要做到对己能自制，对人能宽容，赖有健康的精神和健康的身体。二者是互相关联的。西谚云："健康的精神寓于健康的身体。"萧伯纳说："健康的身体是健康的精神的产物。"（《人与超人》）健康的身体有赖于经常锻炼，健康精神有赖于深厚修养。

八、端正人生态度

宇宙是无穷的,人生是短暂的。在以百年为期的短短一生中,个人的处境可能有顺有逆。如何才能做到"不以物喜"(不受环境顺逆的影响),"不以己悲(不受本身荣辱的影响),"先天下之忧而忧,后天下之乐而乐",关键就在端正人生态度。

奥地利学者弗兰克尔在九死一生之余,劝告人们要把生命意义这个问题颠倒过来:人不应寻问生命的意义是什么,而是生命本身向人提出了这个问题。人必须对自己的生命负责,也就是必须对人类的生命负责。他说:

> 这里,我们真正需要的是彻底改变我们的人生观。首先,我们自身必须懂得,真正重要的不是我们对人生有什么指望,而是人生指望我们什么,并且用这个道理开导陷入绝望的人们。我们必须停止寻问人生的意义,而是想到人生每日每时都在向我们提出问题。我们的回答必须既不是高谈阔论,也不是苦思冥想,而是寓于正确的行动、正确的行为。承担起责任寻找人生难题的正确答案,并完成人生不断赋予每个人的使命,这就是人生的终极意义。
>
> 这种使命,以及从而产生的人生意义,因人因时而异。因此不可能为人生意义下一般定义,对人生意义这个问题从来不可能作一概而论的回答。"人生"并不是空泛的,而是活生生的、具体的,正像人生使命一样,也是活生生的、具体的。这一切形成人的命运,每个人有其与众不同的独特命运。任何人、任何命运都无法与其他人、其他命运相比。各种境遇都一去不复返,要求人们一一做出不同的反应。有时在某

种境遇中,人们需要采取行动,驾驭命运。也有时,人们最好借此机会沉思冥想,在沉思冥想中实现价值。还有时人们只能接受命运,背负起自己的十字架,各种境遇都是独特的,而每一种境遇所提出的问题总是只有一个正确的答案。

如果说,一个人的命运就是忍辱负重,那他就得把忍辱负重作为他的使命,他的单一而独特的使命。他得承认,即使就遭受苦难而言,他也是世界上独特的唯一的人,没有任何人能解除他的苦难,没有任何人能替代他受苦,他的独特机会就在于他在苦难面前如何忍辱负重。

我记得两位想自杀的难友,他们的情况如出一辙。都说想自杀,理由都是绝望者通用的理由——对人生再无指望了。挽救他们的办法就是要让他们意识到人生对他们还有所指望,未来有些事情正指望着他们。事实上,我们发现,对于其中一个人来说,他心爱的孩子正在另一个国家等待他归来。而对另一个来说,等待他的不是某个人,而是事业。身为科学家,他曾撰写了一系列著作,有些著作仍有待他去完成。没有人能替代他工作,同样也没有人能替代孩子心爱的父亲。

正是这单一的独特性使人各有别,并赋予了每个人存在的意义,它关系到创造活动,又同样关系到人类的爱。当一个人意识到自己无可替代时,就会萌发对自己的存在的责任感,并持续充分地表现出这种责任。当他深感对热切等待自己归来的人负有责任,或对未竟事业负有责任时,就绝不会轻易放弃自己的生命。他深知"为何"活着,几乎能够忍受任何"如何"。[①]

[①] 见弗兰克尔(Victor E.Frankl)著《人生的真谛》(Man's Search for Meaning),桑建平译,中国对外翻译出版公司,1994年,第59—62页。

九、求真务实　扬善抑恶

本章以上所论，大都是用传统的方式，从正面讲道德问题。从孟子到冯友兰，都主张人性本善，讳言人性有恶的倾向，虽然悲天悯人，用心良苦，但却不是求真务实的态度，也不足以矫正时弊。荀子主张人性恶而饱受批评，到了清朝，王先谦还在为他鸣不平。其实，唐朝的韩愈就已经为荀子做了正名，在《进学解》中，他把荀子和孟子并列，说："昔者孟轲好辩，孔道以明，辙环天下，卒老于行；荀卿守正，大论是弘，逃逸于楚，废死兰陵。是二儒者，吐辞为经，举足为法。绝类离伦，优入圣域。其遇于世何如也？"荀子还有两个优秀的弟子李斯和韩非，开创了法制的先河，为历代统治者提供了政策手段，他们的"阳儒阴法"政策直接说明了法律制度的必要性，间接也证明了人性有恶的倾向。

我们主张讲伦理道德要正反兼顾、善恶并举；不能单凭道德的教养和个人的自律，也要采取罗素的意见，正视人性中的贪欲、竞争、虚荣心和权力欲这四种恶的欲望，这些都是永远无法满足、越满足越膨胀的，它们是万恶的心理根源。我们要在道德教育中对它们加以抑制和转化，以弥补政治制度和经济制度之不足，把贪欲转化为廉洁，不取不义之财，以正当手段致富；把竞争转化为合作，讲求诚实守信，实行团结互助；把虚荣心转化为务实，加强个人的修养和学习，以期达到实至名归，"不患莫己知，求为可知也"（《论语·里仁》）；把权力欲转化为遵纪守法，永远牢记权力是人民赋予的，只能用它来为人民谋利益，不能为一己谋私利。我们这样做，不但无损于道德的尊严，而且有利于提高道德的崇高威望，因为这样可以拓宽道德的作用范围，增强道德教育的潜移默化作用。

尾语：一个和谐的世界

人的天性，一要生存，二要发展，为了生存和发展，一要求知，二要创造。在通向无所不知（Omniscience）和无所不能（Omnipotence）的漫长征途上，人类不断奋勇奔驰，永远走在万物的前面，成就辉煌。

可是，由于未能适度控制罗素所说的四种欲望，以至人与人之间、人与自然之间不能和谐共处，危机四伏，险象环生。前者是由于权力分配和收入分配两个两难问题难以得到妥善处理，战火绵延不断，暴乱袭击时作；后者是由于科学革命和工业革命以来，人类在征服自然、利用自然方面取得了空前的胜利，同时也对地球造成了严重的伤害，当前全球气候变暖，暴雨、洪水、干旱、地震等自然灾害频发，空气和水的质量受到污染，资源日益贫乏，形势的严峻达到了危及人类继续生存的地步。近年来，各国开会共谋对策，已经取得了一些共识，并决定采取一些措施，但是由于各国利害冲突，矛盾重重，迟迟未能付诸实施，瞻望前途，令人担忧。

然而，殷忧启圣，多难兴邦。我们深信人类终将弘扬固有的聪明才智和坚忍精神，群策群力，攻坚克难，扫除一切障碍，化险为夷，转危为安，缔造一个和谐的世界，在其中，人与人之间亲密无间，人与自然之间水乳交融，千秋万代，以至无穷。

附录　百年忆旧

一、前言

　　我度过了 20 世纪的绝大部分时间。20 世纪是个不平凡的世纪。在这个世纪中，中国和全世界都经历了种种重大事变，发生了天翻地覆的变化。我们中华民族今天已经屹立于世界民族之林，一天天走向繁荣富强。特别是去年（1997 年），香港回归，黄河长江截流，十五大召开，江主席访美，在在证明我们中华民族是大有希望的。今天全世界正在走向多极化，全世界人民正在为和平和发展而努力奋斗，在在证明全人类是大有希望的。我能亲眼目睹这一切，是人生最大的幸福。

　　人是社会的动物，每一个人都受到社会的恩赐，具体到我，尤其是这样。我自幼孤贫，13 岁以前由外祖父抚养，并教我读了四书五经。14 岁至 15 岁，由叔祖父送我到岳阳县城高等小学读书。以后读中学、大学、研究生乃至出国留学，都是投考公费，是中国劳动人民的血汗培养了我，使我有了一些知识。40 岁回到南开大学当教授，天津解放后经历了种种运动，经受了锻炼，接受了教育，使我懂得了一些做人的道理。而我自己对祖国的贡献，却是微乎其微的。我深深体会到"谁言寸草心，报得三春晖"这两句诗的的重量。

我走过了坎坷的一生。1927年当我考进长沙分校（中央军事政治学校第三分校）步兵科准备参加革命的时候，我遇到了"马日事变"。1937年当我在南开经济研究所读书准备投考留学出国的时候，我遇到了"七七事变"。1948年当我学成归国，准备为祖国做出贡献的时候，我遇到了1957年的"反右运动"和后来的"文化大革命运动"。在这种情况下，我深深体会到老子祸福倚伏的道理，也只有应该做什么就做什么，能够做什么就做点什么，以求心安理得。

我一生有几件幸事：1936年我在中国国民党中央政治学校大学部行政系毕业后，没有跟国民党走，而是来到当时还是私立的南开大学读书，否则也会像我的许多大学同学一样，终老台湾。1948年于牛津大学毕业后，没有按照预定计划去美国，而是回到了祖国的怀抱。我不反对自己的学生定居外国，因为我相信他们是永远不会忘记祖国的。但是我个人却不愿长住外国，我还是抱着李陵给苏武书的偏见，"远适异国，昔人所悲"。在长达20年的错案中，我没有丧失对中国共产党的信心，没有丧失对共产主义理想的信念，终于参加了党的组织。结婚73年，还能耄耋相伴，直至最近。

古人说，"行百里者半九十"，我想人生也是一样。假如我活一百岁，那就还有一半的路要走。必须善始善终，走完人生的历程。

我的一生可以分为三个阶段：执著追求的40年，艰苦磨炼的30年，全心奉献的20年，下面扼要加以叙述。

二、执着追求的 40 年（1908—1948）

我于 1908 年阴历十月十七日出生在湖南省汨罗市（原湘阴县）大荆乡大仙村（原籍岳阳县柏祥镇分水村）。父亲杨海宗，贫农，母亲黎蔚霞。幼时因父母不和，父亲出远门，杳无音信。母亲生我一个月就带我住外祖父家，在我 10 岁时改嫁。外祖父抚养我到 13 岁，并教我读了四书五经。

外祖父黎贞，字葆初，原籍浙江长兴，本姓敖。幼年参加太平军，转战湖南，因病由黎氏收养，改姓黎。后来考取湘浙两省秀才，做过湖南省议员，晚年在家开设经学堂。他的房屋和著作均在抗日战争中被日军焚毁。只记得他的一首清明诗，是步学生原韵："胸中一天地，心花亦作茵。况当上巳日，洗涤益清新。坚若苍松节，朗如白石筠。提笔学造化，酝酿太和春。"可以想见其为人。

我十四五岁时（1922—1923），由叔祖父向他人借钱送我到岳阳县城第一高等小学读书，两年毕业。叔祖父杨志高，贫农，两个儿子瑞林，继林，都是雇农，家中就只三口人。

1924 年我考入湖南省立第一师范学校，公民课老师李维汉（罗曼），国文课老师赵景深。我只读了三个学期。1926 年休学，在家乡大募寺小学教书。1927 年春考入中央军事政治学校第三分校（本校在黄埔，另有武汉分校，第三分校即《大浪淘沙》电影中所说的长沙分校）步兵科。入伍三个月期满后，发生"马日事变"，许克祥宣布反共，我愤而自动离校。随后我在湘阴和岳阳教了两年高小。

1929 年夏我离开湖南，在上海投考劳动大学未取，到南京先后进过两个短期学校，学习测量和无线电，做过一些工作，于 1932

年考入中国国民党中央政治学校大学部第五期行政系，四年毕业后，考入天津南开大学经济研究所，为第二班研究生。肄业一年后，因"七七事变"，学校被日军炸毁，中途辍学。

抗日战争时期，我随南开大学经济研究所老师方显廷、张纯明、何廉，李锐先后在贵阳中国农村建设协进会、重庆国民政府行政院、经济部农本局、资源委员会、财政部等处工作七年（1938—1944），但都只是作为谋生手段，我的目的还在出国留学。

1945年，我考取管理中英庚款董事会第八届留英公费生（行政法）。我曾于1939年报考该会第七届留英公费生，以总分0.9分之差落第，该会规定专门著作占总分5%，我没有送论文，当然没有分数，录取的人送了，得55分，可见我的学科都考得比他好，中因太平洋战争，不能送留学生出国，耽搁了六年。

1945年春，我在重庆青木关参加国民政府教育部举办的出国学生讲习会三星期。8月4日乘飞机从重庆到印度，在孟买候船。在加尔各答到孟买的火车中，听到日本投降。乘战后第一艘民用船，历时一个月到达利物浦。船系货船改装，船上全为英国复员军人，我们在舱底，睡在吊铺上，自己服务。同船中国学生近百人，除庚款学生20余人外，其余为英国文化协会奖学金学生和英国实业家协会奖学金实习生。

庚款学生由伦敦各大学中国委员会（UCC）管理，安排我入牛津大学圣体学院（Corpus Christi College）。读的是"政治学哲学经济学"专业（PPE）。在牛津三年，我的学院院长是Sir Richard Livingstone（当时兼任大学副校长），我的道德导师（Moral Tutor）是C.H. Wilson，我的导师（Super visor）是K.C.Wheare（All Souls College，Professor of Public Andministration）。牛津大学每年分三学期，我经过头两个学期（规定为一年）的试读（Probation）后，即被承认为Advanced Student（高级学生），攻读哲学博士（D.Phil.）

学位。

我的论文题为《英国中央政府各部职权的分配（兼与美国及英国各自治领比较）》。经过几年的努力，于 1948 年 5 月通过论文答辩，6 月 5 日接受博士学位。院长拨出 100 镑，由 Wilson 请人为我润色论文，准备出版，归国后几十年音讯阻隔，待到能够通信时，Livingstone 和 Wilson 均已去世，此事遂无下落。

在英三年，我曾先后担任牛津中国学生会主席、留英中国学生总会主席，并曾于 1946 年率领由留英学生组成的中国学生代表团到布拉格参加世界学联成立大会。在英曾和部分同学组织"民社"，后因意见不合自动退出。

我原定在牛津得到学位后即去美国，已由何廉做出安排。后因何廉要由美回国就任南开大学校长（抗战胜利后南开大学改为国立，老校长张伯苓当时任考试院院长，故不便再任校长，因校长归教育部管），催我赶快回国。我放弃了去美计划，于 1948 年 8 月乘船回国，由香港登陆，在广州岭南大学（时南开老师陈序经任校长）和湖南故乡稍作勾留，于 10 月间来到南开大学。

这 40 年中，如果单是为了追求个人名利，在大学毕业后，或者在重庆工作七年后，我本来是可以沿着老路走下去的，然而我却选择了一条求知的道路，当时支配我的思想，是要充分发挥自己的天赋聪明才智。

三、艰苦磨炼的 30 年（1948—1978）

从 1948 年 10 月到南开大学担任教授，到党的十一届三中全会（1978 年 12 月），这 30 年中我在精神上和身体上经受了艰苦的磨炼。

到天津时，已是解放前夕。何廉做了两个月校长，为南开大学准备了一些粮食和煤炭，又回美国去。他临走在建业银行蔡宝儒处给我留下了点金子，我的护照本来在手，我也是可以走的。但我要在天津迎接解放。长沙分校那天晚上的枪声仍然在耳，我以为为祖国服务的大好时机终于来到了。

1949年初天津解放，南开大学由军管会聘任的校务委员会管理，我也是校务委员之一。我原是政治经济学院政治系教授，解放后政治系取消，学院改名为财经学院。我奉命创办财政系，兼系主任。1949年秋财政系成立，招收转学生和新生，有一、二、三、四年级，与中央财政部订立合同，由财政部各司司长和苏联专家来系讲课，我带领学生去财政部实习。当时全国各大学人事冻结，我根据新设系的理由，聘请陶继侃、李建昌为教授，陈舜礼为副教授，在第一届毕业生中留王维型为助教。

解放后我参加了马列主义夜大学，一年中认真学习了哲学、政治经济学、中国革命史三门课程，考试成绩优秀，领到了毕业证书。当时中央号召学习俄文，成绩好的增加工资，其实我早已开始学习，读了俄文《联共党史》一书，并且翻译出版了两本俄文书，一本是科伦诺德的《经济核算制原理》（北京十月出版社，1953年），一本是《苏联地方税捐》（财政部《财政》半月刊连载，1956年）。还翻译了一本由教育部组织翻译的《苏联国家预算》，与兰州大学一位教授合译互校，未能出版。我主动接近党组织，希望能参加当时党的外围组织"同情组"。当时我在主观上已经抛弃了自己所学的一切，愿意一切从头学起，从头做起。我自以为自己出身贫苦，大革命时自动离开长沙分校，中政校毕业没有跟国民党走，抗战时期是学者从政，是块砖就可以盖房子，应当能有为祖国服务的机会。

担任系主任三个学期后，因感觉行政工作太繁，想专心搞点学问，辞去系主任职，推荐陶继侃接任。我随即参加政协土改工作团第四团，在广东南海县参加土地改革工作七个月，与农民同吃同住同劳动。回校后思想改造运动已经结束，给我补课两次，追查我的历史问题。因此我在1955年肃反运动中自动交代历史，得到"宽大处理"。

1952年院系调整，南开大学原有财经学院七个系八个专业完全取消，只留一个政治经济学系。我和一部分暂时没有外校可调的教师编入财经研究室，归科研处领导，实际上是一个编余组织，并不开展工作。后来我和潘源来、李建昌、岳毓常三位教授一同搞中国盐务史资料工作，是由北京中国近代经济史资料编委会（范文澜、千家驹等领导）委托。我担任抗战期间中国沦陷区盐务部分，曾到北京和南京搜集资料，所得资料数十年后由南开大学经济研究所编辑，分四册由南开大学出版社出版。

1957年我参加了九三学社。

1957年8月3日我被错划为"右派分子"。一年后南开大学处理右派，公布我为"极右分子，另案处理"。随即于1958年8月21日由天津市高级人民法院对我判处管制三年，剥夺政治权利三年，与管制一并执行[（58）津法刑一判字第13号刑事判决书]。南开大学随即决定从9月份起每月给我生活费60元（我原支教授四级工资每月207元），在经济系资料室改造。

在这个晴天霹雳之后，经济的政治的社会的压力增强，后来虽然如期解除管制，摘掉"右派分子"帽子，但在20年中，仍然是"摘帽右派"，仍然是"历史反革命分子"。在经济上一共支了四年的生活费才恢复工资为每月121元（三级资料员工资），直至右派改正后，于1979年10月起恢复教授四级工资，在这21年中，我共计被扣减工资24,808元，分文未补。当时我已归国10年，年逾50，曾有一首小诗：

　　十年如逝水，半百转蹉跎。

顽体欣犹健，雄心信未磨。

丹诚贯日月，浩气凛山河。

大地寒凝肃，春华发更多。

党的十一届三中全会后，我的问题才得到澄清。有几个文件，值得在这里引证。

1979年3月28日，中共南开大学委员会做出决定，认为"根据中共中央[1978]55号文件精神和《中共中央1957年关于'划分右派分子的标准'的通知》，经复查核实，该同志属于错划，决定予以改正，恢复其政治名誉，撤销因右派问题定为历史反革命的结论和给予管制三年以及行政降级降薪的决定。"

1985年12月27日中共天津市委组织部批复南开大学党委，"报来《关于解决杨敬年错划右派改正结论中'尾巴'问题的请示报告》收悉。经研究，同意你们的意见，去掉其改正结论中的'尾巴'。"

1979年11月26日天津市中级人民法院发出刑事判决书，内称："现经复查查明，杨敬年言行根据党的有关政策，不构成反革命罪，故撤销原判，宣告杨敬年无罪。"[（79）津中法刑字第1113号刑事判决书]

1979年3月28日九三学社天津分社发出通知，"关于你在1957年被错划为右派问题，你单位已予改正。对你错划为右派的社内处分，经分社临时领导小组于3月27日开会研究决定：改正原来开除社籍的处分，恢复社籍。"

一宗错案，耗费20多年的时间，终于得到澄清，要算是人生幸事。

被错划为右派后，我的态度是，事实终究是事实，问题总有水落石出的一天。我是靠劳动人民血汗培养的知识分子，不论在什么情况下，我必须努力工作，尽可能地做出一些贡献，来报答他们。

　　我原先翻译了詹宁斯的《英国议会》一书，到1958年商务印书馆出版时我已被划为右派，只能用"蓬勃"的名字出版。在改造中我又翻译了两本书，一本是《白劳德修正主义批判》，包含美共主席福斯特的《马克思主义对修正主义》和白劳德的《德黑兰：我们在战争与和平时期的道路》，1960年三联书店出版，笔名杨延生。后来三联书店曾将白劳德的书抽出单独发行。另一本是《1815—1914年法国和德国的经济发展》，1964年商务印书馆出版，此书原是傅筑夫约译，但他只开了个头，由我译完，以他的笔名傅梦弼出版。

　　1962年夏至1964年夏我又重上讲台，讲授《资本主义国家经济基础知识》，是为学习《资本论》的学生提供感性认识的学期课，头一学期编印讲义，以后上过三次课。到"四清运动"开始，才停止讲课，又到资料室上班，翻译熊彼特的《经济分析史》，到"文化大革命"开始，两年中译成50余万字，25年后才由商务印书馆分三册出版，第二册和第三册的头两章是我译的。

　　1966年"文化大革命运动"开始后，我除了受到批斗、游街、剪阴阳头、抄家、住牛棚、写思想汇报、交待历史、写检查材料之外，先是在校园内和学校农场劳动，后来随同经济系全系师生去河北省遵化县西下营，住了几个月；1969年12月回校后转往河北省完县北吴村，1970年返校，在乡下时革命师生学习，我和丁洪范劳动。1971年1月参加千里野营拉练，背背包往返于河北完县腰山，三九寒天，步行一千里。1971年4月至天津市南郊大苏庄南大学农基地劳动半年。以后返校，先是刻腊版，叠讲义，以后搞点翻译工作。

　　反右以后，我认真读了不少马克思、恩格斯、列宁和毛泽东的书。"文化大革命"中我积极主动地参加体力劳动。身心两方面获益匪浅。

"文革"后期我翻译了以下的四本书，（1）《不稳定的经济》，1975年；（2）《美国第一花旗银行》，1976年；（3）《垄断资本》，1977年；（4）《银行家》，1981年。四本书均由商务印书馆出版，前三本用经济系的名义，没有稿费，第四本《银行家》才用我自己的名义，有了稿费，但和系里分成。

1974—1979年南开大学经济系和经济研究所承担翻译联合国大会和安全理事会正式记录的英译汉工作，每年30万字（系由国务院组织全国49个院校进行），系所老中青教师全都参加翻译工作，由我最后审核定稿。南大外文系和历史系亦各承担每年30万字。

1978年初，七七级大学生入学，我开始为一部分学生讲授专业英语和专业俄语。以后落实政策，我被调到经济系世界经济教研室从事教学科研工作，这个教研室后来独立成为国际经济系，最近改为国际经济贸易系。

四、全心奉献的 20 年（1978—1998）

落实政策后我已年逾古稀，恢复了原教授名义和四级工资（1984年3月天津市高教局还为表彰突出贡献，批准晋升为三级教授工资），住进了新落成的高知楼。当时中国人民大学张帆教授对我说："看你有多大变化！"但我觉得自己没有变化，我还是我。只是现在可以搞教学科研工作了，我很高兴，曾有"欲为国家兴教育，肯将衰朽惜残年"的感想。当时也有一首小诗：

盈巅白雪不知愁，一片丹心步陆游。
蜡炬春蚕功不灭，迎来光热遍神州。

我于1988年1月退休，接受返聘又工作了七年，到1994年

8月最后一个研究生周红磊提前一年去美国深造为止。这20年中，我的情况大致如下。

从1978年开始，给大学生、研究生和青年教师讲授经济专业英语，至1994年，共17年。

1982年在全国大学中率先开设发展经济学，这一方面完成了几项工作：

（1）1985和1987年两次接待美国耶鲁大学古斯塔夫·拉尼斯教授来南开讲授发展经济学，第二次是世界银行的援建项目，对全国各大学开放，由林毅夫担任翻译。此外还组织翻译出版了拉尼斯和费景汉合著的《劳力剩余经济的发展》，由华夏出版社于1989年出版。

（2）培养了20名硕士研究生。

（3）编写了三本书：

《科学·技术·经济增长》，天津人民出版社，1981年。

《西方发展经济学概论》（高等学校文科教材），天津人民出版社，1988年。曾获第二届普通高等学校优秀教材奖，1992年11月。

《西方发展经济学文献选读（第三世界国家经济发展理论与实践综合分析）》（高等学校文科教学参考书），南开大学出版社，1995年。

《概论》与《选读》原来是应国家教委季啸风司长之约编写的，后来列入国家教委高等学校文科教材"七五"编写计划。

（4）完成了一项科研计划。

完成国家教委"七五"哲学社会科学重点科研项目"第三世界国家经济发展理论与实践综合分析"，提出《论经济发展的十大关系》一文，刊载在《西方发展经济学文献选读》中。

（5）写了几篇论文：

《论发展经济学的对象和方法》，载《南开经济研究》1988年第6期和1989年第1期。

《第三世界国家经济发展中的十大关系》载《南开经济研究》，1992年第5期。

《经济发展与国家财政（泛论发展中国家财政）》，载《财政理论探新》，吉林人民出版社1985年。

《论教育对经济发展的贡献》，载《南开教育论丛》，1987年第4期。

1987年6月加入中国共产党为预备党员，一年以后如期转正。

从1992年10月起，因对发展高等教育事业做出的贡献，领受政府特殊津贴。

担任过的一些社会职务有：南开大学学位委员会委员，经济系学位委员会主任，中国国际经济合作学会理事、常务理事，天津市政治学学会名誉理事长，天津市世界经济学会、财政学会、外国经济学学会、翻译工作者协会顾问。

1995年至1996年撰写《人性谈》。

1997年至1998年初重译亚当·斯密《国富论》。这本"影响世界历史进程的十本书"中唯一的一本经济学著作，由陕西人民出版社出版。

关于作者的生平，还可以参阅作者的《期颐述怀》和孟宪刚著的《天地智者》（附光盘，李瑞琴制作）两书。